Property Rights Incentive: Urban Spatial Resource Reallocation

Spatial Governance Analysis based on the Perspective of Institutional Economics

产权激励：城市空间资源再配置

基于制度经济视角的空间治理分析

黄军林　陈锦富　谢炳庚　李晓青　著

图书在版编目(CIP)数据

产权激励:城市空间资源再配置:基于制度经济视角的空间治理分析/黄军林等著.—武汉:华中科技大学出版社,2020.12

(中国城市建设技术文库)

ISBN 978-7-5680-6758-4

Ⅰ.①产… Ⅱ.①黄… Ⅲ.①城市空间-空间规划-研究 Ⅳ.①TU984.11

中国版本图书馆CIP数据核字(2020)第250416号

产权激励:城市空间资源再配置——基于制度经济视角的空间治理分析

Chanquan Jili:Chengshi Kongjian Ziyuan Zai Peizhi

——Jiyu Zhidu Jingji Shijiao de Kongjian Zhili Fenxi

黄军林 陈锦富 谢炳庚 李晓青 著

策划编辑:金 紫

责任编辑:金 紫 陈 忠

封面设计:王 娜

责任校对:周怡露

责任监印:朱 玢

出版发行:华中科技大学出版社(中国·武汉) 电话:(027)81321913

武汉市东湖新技术开发区华工科技园 邮编:430223

录 排:华中科技大学惠友文印中心

印 刷:湖北新华印务有限公司

开 本:710mm×1000mm 1/16

印 张:12.5

字 数:271千字

印 次:2020年12月第1版第1次印刷

定 价:79.80元

本书得到国家自然科学基金青年科学基金项目资助(项目名称:基于产权激励的城市存量空间资源再配置机理与规划响应研究。项目批准号:52008167)

中国城市建设技术文库
丛书编委会

序

Introduction

改革开放以后的快速工业化、城镇化时期，中国城市发展面对的主要是增量空间，而中国特色的行政体制、土地制度决定了“增量空间”几乎可以被看作一张白纸来规划，扩张型城市规划的目的主要是以促进经济增长、管控建筑环境秩序、美化物质景观等为导向。因此，很长一段时期中国的城市规划都是被定位为一种工程技术。但是新世纪以来，随着经济、社会发展的深刻变迁，中国的城市规划发生了重大转型，简要概括这一基本趋势就是，从工程技术型规划向兼具技术-政策双重属性的治理型规划转变，城市规划（或者如今的国土空间规划）作为国家现代治理体系的重要组成部分，其重要性不断得到提升。事实上，这一转型趋势并非中国所独有，其也是20世纪60年代末以来西方城市规划发展的一个重要特征，因此可以视为世界城市规划发展演变的共性规律。

这样一种规律性的转变，必然要求我们以新的视角来理解城市规划的属性、内涵，并相应改变城市规划传统的理论与方法。随着经济社会发展与城镇化阶段的转变，以及国家建设生态文明等新要求的提出，我国城市规划的重心正迅速从“增量空间”转向“存量空间”。不同于蓝图设计式的增量空间规划，存量空间规划则必须面对背后复杂的产权格局与艰难的利益博弈过程。按照制度经济学的理解，制度是促使城市空间与土地利用格局演变得以发生、进行的内在本源动力，因此，城市规划的“理想蓝图”愿景能否实现，其关键是我们能否设计出一套可激励的制度体系，寻找到一条可实现的策略路径。

与增量空间规划不同，存量空间规划面对的产权分散在多个权益主体手中，并已经形成复杂的现实利益格局。一方面，在需求与利益多元化的背景下，政府“包打天下”的传统管控方式已经无法适应多利益主体格局中的社会诉求；另一方面，随着市场化改革与社会发展的深入，各种资源包括城市空间资源的配置方式也发生了根本性变化，自上而下传统的刚性管控已经难以适应现实的需求。在存量空间规划的世界里，规划不仅仅是一项技术活动，更是一项对空间资源配置及其收益进行分配与协调的政策工具，是对基于产权界定、产权交易的产权运行过程进行利益协调与配置，产权成为解决新时期存量空间规划问题的关键突破口。实事求是地说，对于长期习惯于工程技术思维和物质空间形体设计的规划师而言，这是一个巨大的认知跃迁和能力挑战，但是我们必须积极面对。

由黄军林、陈锦富、谢炳庚、李晓青几位学者合著的《产权激励：城市空间资源再配置——基于制度经济视角的空间治理分析》一书，就是直面中国城市规划上述转型的挑战并积极寻求解决之策的力作。这本著作，面向新时代空间治理现代化的总目标，运用制度经济学的研究视角和方法，以产权为主要理论分析工具，围绕如何实现空间资源优化再配置的产权激励展开系统、深入的研究，探索城市规划转型的实现路径。书中具体以长沙市作为实证案例，构建了基于产权运行的产权交易激励机制，并将激励机制与规划治理工具进行了有机结合，探索一套基于产权激励的柔性治理方法及其实现路径，从而实现了城市规划从“刚性”技术思维向“柔性”治理思维的转变。

新世纪以来，尤其是随着国土空间规划体系的建构与发展，中国城市规划正经历着价值与范式的双重转型，城市规划的理论、方法都在发生着深刻的变化。运用制度经济学的方法，研究如何通过产权激励来实现城市空间资源的再配置，的确是抓住了当今及未来中国城市规划研究、编制与实施的深层本质。这部著作，无疑为我们提供了一个富有新意的观察视角与积极有益的尝试。

故，欣然为之序。

张京祥

南京大学建筑与城市规划学院教授

南京大学空间规划研究中心主任

中国城市规划学会城乡治理与政策研究学术委员会主任

前　言

Preface

城市规划作为政府进行空间治理的一种基本工具被纳入“国家治理”现代化改革中，由技术型规划转向治理型规划也成为必然。然而现实的困境在于，城市空间问题应对的技术实现方式已经被城市规划界熟悉，而治理实现方式却比较模糊。因此，探索城市规划从技术转向兼具技术与政策双重属性的治理型规划，成为当前城市规划领域的重要课题。本书立足于新时代的空间治理，以城市空间资源为研究对象，以“产权”为理论工具，围绕“再配置”的“产权激励”展开理论与实践研究，探索规划转型的实现路径。基于此，本书内容按以下逻辑展开。

①规划转型之“问”。新时代背景下，引出了关于城市既有空间资源的优化再配置之问，提出“作为空间资源配置工具，新时代规划何为”的问题，并由此展开了相关的文献梳理及基础理论的研究。

②研究立论之“基”。基于问题导向，聚焦再配置过程的产权问题，引入产权交易与产权运行来解译空间资源再配置过程，进而提出了产权激励方法，并构建了基于交易成本与综合效益两个维度的产权激励效用评价的矩阵决策模型。最后选取了初始配置主导期和再配置主导期的两个案例进行分析，论证了再配置过程受困于交易成本增加与综合效益受限的现实状况。

③解困应对之“策”。首先，基于理论与实践的分析，探索了应对城市空间资源再配置困境的产权激励路径选择，并基于激励条件、方式、收益分配及逻辑机理等关键要素搭建了理论框架；其次，设计了功能调整、容量奖励、空间置换三类产权激励政策工具，将其纳入规划运行与空间治理体系；最后，选取了三个

案例，通过调查研究获取数据，应用矩阵决策模型对三类产权激励政策工具效用进行评价。

④路径探索之“旨”。本书的研究最终指向基于城市空间资源再配置过程的治理型规划本体，探索了激励方法与工具的有效性，并构建了城市规划由技术型规划转向兼具技术与政策双重属性的治理型规划的理论与现实路径。

本书研究的创新之处有两点：一是引入产权交易与产权运行对城市空间资源再配置过程进行分析，进而提出了产权激励方法与工具，以应对再配置所面临的困境；二是以产权激励方法与工具的实现路径探索城市规划由技术型向治理型转变的理论与现实路径，提出了从刚性规制管控走向柔性激励治理的城市规划转型方向。

本书研究亦有两点主要不足。一是定量分析研究方面的不足。囿于知识局限性，本书对于新制度经济学及其相关理论在分析中国问题的现实性并未作深入的理论溯源与计量求证，而是立于已有研究基础之上，采用定性与定量结合的方法，对产权激励的可行性进行了量化评价。二是政策工具创新方面的不足。虽提出基于产权激励的理论框架与现实路径，但并未提出新的政策工具，而是基于国内外政策工具的梳理及可实施性的现实诉求，选取了具有代表性的三类工具，不失为一个遗憾。

研究始于此，而不止于此。本书研究主题的提出恰逢新时代，既能以此文呼应时代改革大背景，又能为今后的深入研究奠定基础。

黄军林

二〇二〇年冬，于岳麓山脚

目　录

Contents

第1章　导论:新时代空间治理

1.1　新时代的中国

1.1.1　内涵转向:走向高质量发展的新时代

党的十九大报告提出了经济社会发展由“高速度”向“高质量”转向的战略目标,而高质量发展的实质在于从“有没有”转向“好不好”,中国经济进入了转型发展的关键期。同样,城市空间发展也面临着深刻的变革,“质量”成为新时期城市空间发展的关键词。城镇化快速发展以来,很多城市的空间发展格局已逐步形成,未来空间规划将聚焦于如何实现既有空间资源效益的最大化,即通过优化城市空间结构、优化空间资源配置等方式提升空间绩效。

以长沙为例,城市空间发展主要经历了“滨江发展—跨江发展—拥江发展”三个主要阶段:20世纪60年代以前长沙的发展主要集中在东岸,是以沿袭古城空间规制为主的滨江发展;1970年到2000年是长沙城市空间集中快速拓展期,实现了跨江发展;2000年以后长沙进入了拥江发展时期,城市空间进一步向南、向西拓展(图1-1),基本上锚固了“一轴、两带、六组团”、“一主、两次、多中心”的总体空间结构。目前城市框架结构已经形成(图1-2)。

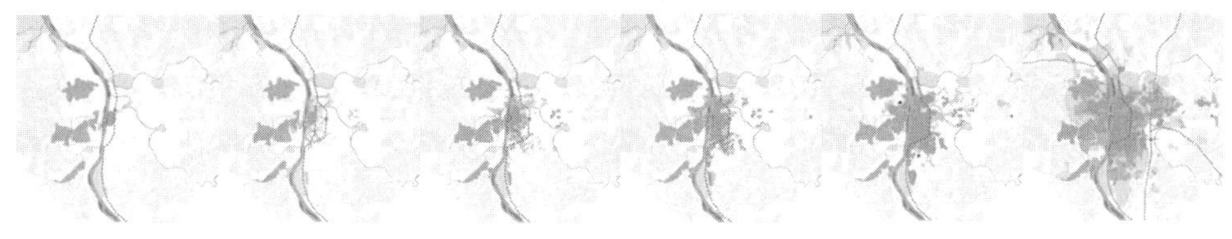

图1-1　长沙空间发展历程

资料来源:《长沙2050远景发展战略规划》。

然而,快速扩张所带来的问题同样不容忽视。一方面,建设过于密集,使得城市集约而不宜居。相关数据表明,2014年长沙市市辖区岳麓区、雨花区、开福区、天心区、芙蓉区、望城区的平均容积率分别为3.02、3.23、2.58、3.78、3.17和2.66,长沙县、宁乡市、浏阳市城市建设的平均容积率分别达到了2.92、2.40和3.12。所有区县中除开福区和望城区外,均超过了3.0,且从历年新建楼盘容积率特征来

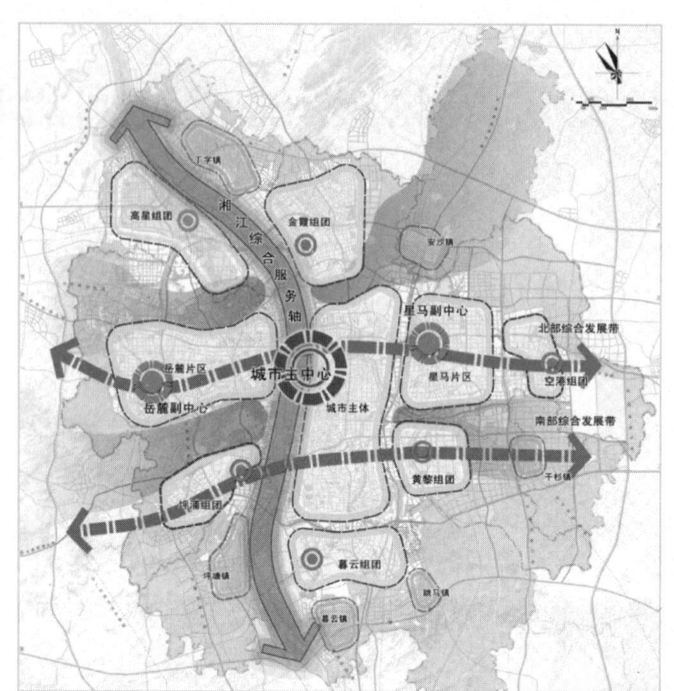

图 1-2　长沙总体规划确定的城市空间结构

资料来源:《长沙市城市总体规划(2003—2020 年)》(2014 年修改版)。

看,在 1990—2000 年间,统计的 93 个楼盘的平均容积率为 2.39;2000—2005 年间,统计新增的 315 个楼盘的平均容积率为 2.48;2005—2010 年间,统计新增的 553 个楼盘的平均容积率为 3.26;2010—2015 年间,统计新增的 494 个楼盘的平均容积率为 3.45。从时间梯度上来看,新建楼盘开发强度越来越大,近年来新建楼盘的平均容积率超过了 3.0,见图 1-3。城市建设过于密集,绿色空间明显不足,影响了城市生活环境和生活品质。

图 1-3　长沙市都市区不同年代新建(部分)楼盘容积率

资料来源:《长沙 2050 远景发展战略规划》。

另一方面,由于对生态价值的认知不足,城市环境品质有待提高。虽然长沙市域生态环境优越,但是建成区绿化覆盖率、绿地率、人均公园绿地面积均落后于中部六省省会城市。长沙市建成区绿化覆盖率 34.43%,低于全国城市平均绿化率

39.6%；长沙市绿地率 31.2%，低于全国平均值 35.7%。芙蓉区、天心区等湘江东片区已经被高强度、高密度的建筑填满，缺乏绿化空间，仅有的绿地空间均为零星斑块，未形成连贯完整的绿化网络，城市生态基底被侵蚀，分割现象明显（黑色部分为 2003 年用地，灰色部分为 2014 年用地），见图 1-4。

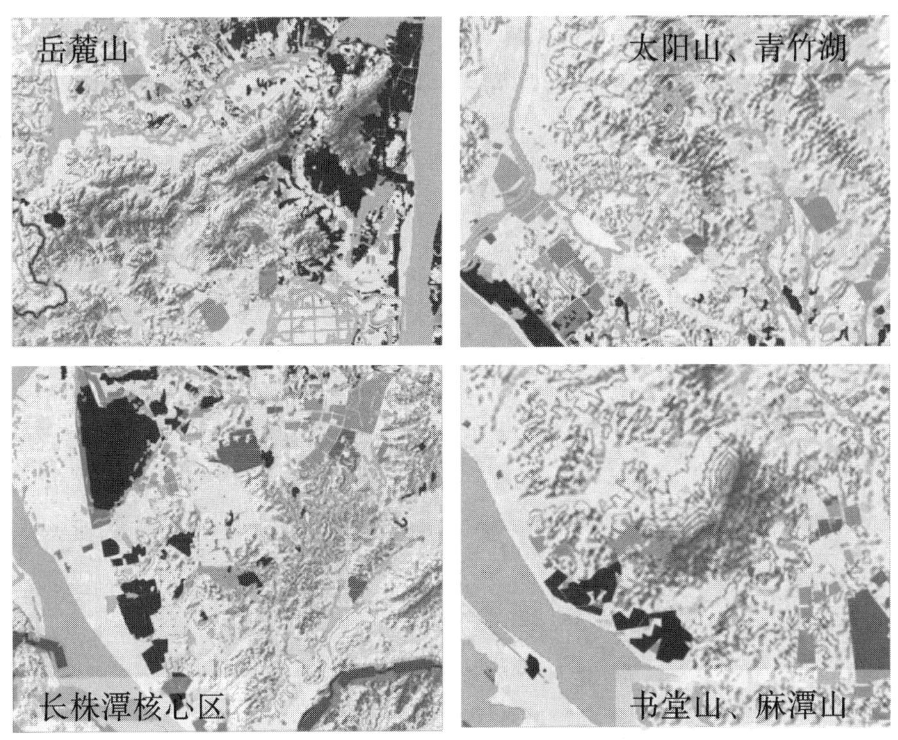

图 1-4　主要山体空间周边建设用地扩张变化

资料来源：《长沙 2050 远景发展战略规划》。

改革开放以来，城市经济总量与发展速度是各地政府的主要目标，然而，以牺牲城市生态资源为代价，盲目追求经济发展的模式是不可持续的。国际经验表明，城市发展经历过初始阶段后，基于创新与质量的发展将取代基于总量与速度的发展，成为城市发展的主要动力。新时期城市转型、创新发展的重要要求即转变过去粗放型发展方式，质量与创新更为重要，通过提高人才集聚能力，实现从“有没有”向“好不好”转变，作为城市空间资源配置工具的城市规划也被纳入其中。

1.1.2　动力转向：迈向新阶段的城镇化

改革开放以来，随着中国经济进入快速发展通道，城镇化加速发展。数据表明，1995 年中国城镇化率为 29.04%，1996 年达到 30.48%，比 1995 年提高了 1.44 个百分点。21 世纪以来，中国城镇化迈入了一个新阶段，被经济学家斯蒂格利茨

(J. E. Stiglitz)称为“对世界产生重大影响的事件之一”。2007 年城镇化率达到 44.94%,城镇化率年均提高了 1.25 个百分点,2011 年,全国城镇人口达到 69079 万人,城镇化率突破了 50%,达到 51.27%,城乡结构发生历史性变化,见表 1-1。

表 1-1　不同时期的城镇化水平比较(%)

	“六五”(1981—1985)	“七五”(1986—1990)	“八五”(1991—1995)	“九五”(1996—2000)	“十五”(2001—2005)	“十一五”(2006—2010)	“十二五”(2011—2015)
期初城镇化率	19.39	23.71	26.41	29.04	36.22	44.34	51.27
期末城镇化率	23.71	26.04	29.04	36.22	42.99	49.96	56.10
年均城镇化率	0.86	0.54	0.53	1.43	1.35	1.39	1.23

资料来源:根据《中国统计年鉴》(历年)统计。

国际经验表明,当城镇化水平处于 30%～70%时,其最显著的特点就是城镇人口快速增长,经济总量加大,居住空间要求增长与城镇建设用地快速扩张,导致了城市“摊大饼”式发展,产生了诸如生态、环境、交通、人居等方面的城市病。2013 年,中央城镇化工作会议提出了“提高城镇建设用地利用效率,提高城镇建设水平”,并提出“严控增量,盘活存量,优化结构,提升效率,切实提高城镇建设用地集约化程度”,探索“两约”导向的新型城镇化土地调控管理模式。随后,国家从顶层设计层面对新型城镇化发展路径进行了系统设计。总之,从土地城镇化走向“人的城镇化”,从“外延扩张”走向“内涵挖潜”,从“高速度增长”走向“高质量发展”,为新阶段的城镇化发展带来了新的机遇与挑战。

20 世纪 90 年代中后期以来,以增长主义为核心的中国城镇空间生产释放了空间的资本积累潜能,在空间利益逻辑主导下,呈现了一个层次分明、体系清晰的资本循环和利益博弈的过程,见图 1-5。然而,这种依托城镇空间快速扩张的粗放发展方式已不再符合当下的城市发展阶段,城市增长主义逐步走向终结(张京祥等,2013),城市空间资源优化配置的重要性日益凸显。

在过去三十余年的发展转型中,地方政府对土地财政的依赖与土地财政带来的城市问题逐渐凸显,土地财政的城镇化动力体系正逐步消耗殆尽,加之利益格局已然形成,既有利益调整问题成为改革的主要掣肘,体制改革可能在既得利益格局的掣肘下停滞不前,并使最有利于既得利益者的过渡性体制定型化,进而导致改革陷入“转型陷阱”中(迟福林,2013)。从现实需求看,新阶段的城镇化应把调整利益关系、打破固有利益格局作为重点,从利益格局重塑角度审视城镇化转型。

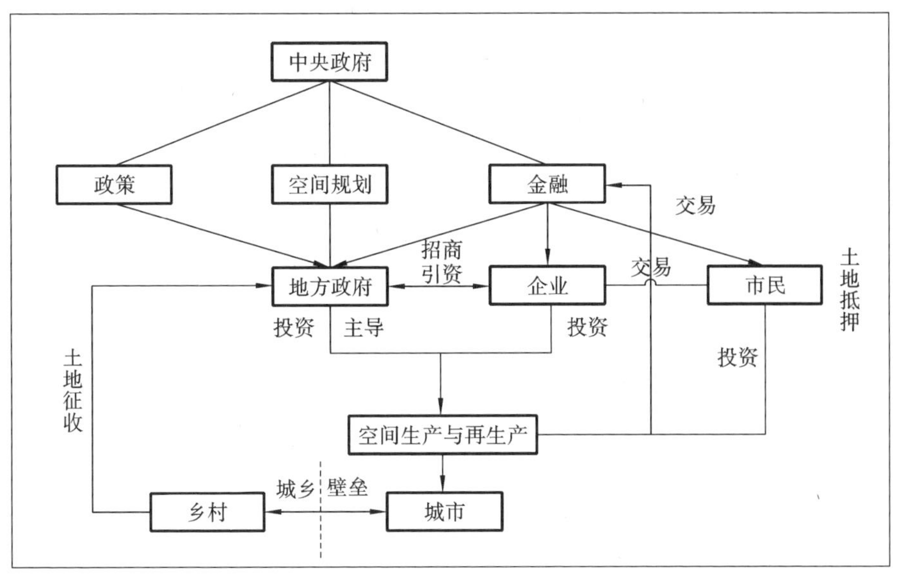

图 1-5　中国前一阶段城镇化的空间利益逻辑：资本循环与利益博弈过程

1.1.3　治理转向：转向治理工具的城市规划

随着国家治理转型，新一轮的机构改革应运而生，也带来了近四十年来最大规模的机构变革，此次机构改革最大的亮点在于组建了自然资源部，搭建了基于资源开发与保护监管的全过程逻辑链，实现了空间规划职能由“合一”向“统一”的转变。城市规划也面临着深刻的变革与转型。首先，城市规划所处的社会发展阶段变了，城市发展的速度在放缓，城市在进行动力升级等。其次，城市规划的任务要求变了，前三十年快速扩张，在空间上注重城乡建设，现在则更多强调社会和谐发展，在这个转变过程中精细化的城乡治理就变成社会新需求。最后，城市规划的工作方式变了，由单部门规划拓展为多规合一，不再只是空间上的蓝图规划，更是一种统筹规划、综合建设、强化管理的“社会—空间过程”；不再只是一种纯技术的行业，更是一种统筹城市建设、搭建共治平台的治理工具。

1. 既有规划范式的不适应

在“增长主义”时代，城市规划需要处理的问题相对单一，规划与城市发展之间是相对简单的线性关系，城市规划在此阶段主要发挥其技术工具优势，并尽可能地减少地方政府（空间资源供给者）与企业市场（空间资源需求者）之间的交易与协调成本。规划师基本上是在一张白纸上做规划，规划过程中仅需要思考“是什么、做什么、怎么做”的问题，并通过规划的手法进行空间安排与布局，然后通过制定招商计划、进行基础设施建设，完成初始空间资源配置。

新时期城市规划将不再只是在一张白纸上做规划，规划师需要面对多层次、多方位、多主体的问题。单纯的技术工具思维的规划方法已经无法协调城市空间资源优化过程中复杂的空间问题，简单依靠技术手段应对空间资源初始配置的增量规划方法与线性问题分析思路已经行不通。然而，现实的困境在于，城市规划未完全形成应对城市空间资源再配置背景下的理论方法与实践路径。

2. 既有治理方式的不适应

城市发展从“高速度”向“高质量”发展的转变将带来城市空间资源的再配置、再利用问题，空间资源再配置的利益相关者之间的博弈关系随之发生变化，继而导致城市空间治理的矛盾更加集中、问题更为复杂。解决空间资源的再配置要求城市规划不仅仅是一种技术工具，更是一种空间治理工具。

在“高质量”发展的新时代，规划师将不再沿用传统物质空间规划的色块（赵燕菁，2005）规划方法，而是通过协调复杂空间中所存在的经济社会关系来指导空间优化决策，规划演变为一种“社会—空间过程”，传统的自上而下的规划管制方式“治标不治本”，利益相关者的协调治理才是解决空间问题的治本之策。正如赵燕菁教授所说，随着规划师在实践中不断地碰壁，“回到物质形态规划的本源根本就不是解决问题的办法”的意识已逐渐形成，除非能够学会如何降低交易成本与激发空间资源效用，否则规划师就无法找到空间最优布局解与绘制终极“规划蓝图”（赵燕菁，2005）。

1.2 研究意义

1.2.1 理论意义：梳理与补缺

本书主要聚焦于城市规划，以空间资源为研究对象，借鉴制度经济学的相关理论探讨新时期的空间治理问题。资源配置是经济学的经典概念，国内外相关领域均已有较丰富的研究成果，国内关于资源配置的讨论在20世纪90年代后期随着城市化的快速推进而日益受到学界的重视，依托经济学、政治学、法学及社会学等多元学科的引入而不断丰富，并伴随着国内旧城改造、城市更新及棚户区改造等一系列工程的展开形成了丰富的理论研究与实践成果，但并未形成解析城市空间资源再配置的理论体系，以及提出完善的规划方法与应对路径。因此，本次研究的学术价值之一就是通过理论梳理与理论体系构建弥补该领域的理论短缺。

新常态语境下，政府与市场关系的重塑是改革创新的一条重要逻辑主线，空间资源再配置产权激励为新时期规划的变革探索了一条可行的路径。为解决因空间资源再配置权利的垄断而导致交易成本增加、综合效益降低的经济社会问题，“把权利赋予那些最珍惜它们并能创造出最大收益的人”（Richard A. Posner，1973）。

通过更加深入的政策设计弥补市场与政府所具有的天然缺陷，构建一张政策网，以实现社会福利的最大化及公平分享，理顺政策工具与治理工具的逻辑链。

1.2.2　实践意义：解释与验证

在城市规划领域，城市空间资源再配置过程一直伴随着城市的发展而存在。早在新中国成立初期，国内的大城市就开始了针对老旧城区的改造。改革开放之后，城镇化快速推进，城市功能的更新、产业升级、品质提升及资源增值的诉求越来越强烈，伴随着国家对城市开发用地的管制与城市走向“高质量”的内涵式发展，以城市更新为空间表象的空间资源再配置受到了社会的广泛关注。然而，由于空间资源再配置所面临的主体的多样性、利益的复杂性与过程的不确定性等诸多因素，产生了诸多增量规划方法无法解决的问题。因此，基于城市规划与空间治理实践需求，有必要引入其他学科既有的理论工具对这些问题进行诠释，进而给出“理论解释—实践验证”的治理路径。

在城市发展转型的关键阶段，作为空间治理的工具，城市规划必须尽快从空间资源再配置的现象中提取规律，并构建起一套行之有效的空间治理方法与逻辑，以适应新时期城市空间发展的现实需求。因此，本研究的实践意义在于将制度经济的理论分析框架引入城市规划与空间治理领域，借鉴其在解决城市空间资源配置问题的框架逻辑，以此解决空间治理中的实际问题。

1.3　研究内容、目标与问题

1.3.1　研究内容

（1）再配置空间绩效评价模型构建

①根据城乡规划、城市经济学及资源再配置的相关理论，通过文献研究、专家访谈等方法确定城市存量空间资源再配置“成本—收益”评价指标体系；构建城市存量空间资源再配置效用评价模型。

②以长沙市为研究案例区，对历史数据进行标准化处理，遴选样本形成样本数据集，对长沙市存量空间资源再配置的效用状况进行评价，研判现状问题。

（2）再配置过程的产权激励介入及运行机理

①聚焦再配置过程的产权问题，引入产权交易与产权运行来分析多层次影响因素（“成本—收益”）与多行为主体之间的复杂关系，解译空间资源再配置决策过程，识别再配置效用主要影响因子及其作用机理。

②更改产权运行条件与规则，模拟不同产权运行情景，以此提取实现自然、社会、经济宏观影响因素和各类行为主体的交互关系以及各类行为主体之间的复杂时空决策过程的激励机理。

(3) 基于产权激励机理的再配置规划治理响应

①关联产权激励关键因子与规划治理工具，探索产权激励关键因子与规划治理工具的相互转化条件及主要形式。

②基于治理理念、方法变革，优化规划工具、调整规划作用方式，集成新规划治理工具(以此实现对原产权结构的重新组合，改变城市空间资源的产权结构，对产权规模进行重新划分，改变城市空间资源的产权形态)。

③创设产权激励工具，激励空间资源市场交易行为，激励政府、资本市场及产权人公平公正、高效、主动地参与新一轮城市空间资源再配置过程。

④通过探索基于产权激励的存量规划空间治理实现路径，为生态文明发展新时代提升空间治理现代化水平提供一个可选方案。

(4) 产权激励规划工具应用及其效用测度

①保障产权激励的实践性与科学性及再开发、资源再配置效益，建立及时、有效的城市空间资源再配置绩效评价系统，做到动态评价、实时监控，并根据绩效及时反馈给决策者，从而指导后期决策的调整与更新。

②通过在案例区对政策工具进行选择与评价，基于“成本—收益”模型对产权激励工具的有效性与科学性进行评价。

1.3.2 研究目标

①揭示城市存量空间再配置过程中成本增加与收益受限的现实困境。

②揭示传统规划工具在存量空间再开发管治过程的不适应问题。

③精准刻画“成本增加与收益受限的现实困境”与“传统规划工具”之间的互动关系，解译产权激励机理。

④阐明产权激励在城市存量空间资源再配置中的实现路径。

1.3.3 研究问题

①如何精准识别城市存量空间资源再配置中的经济、社会、环境和各类行为主体的交互关系？复杂关系通过哪些关键指标刻画？如何引入“成本—收益”的效用评价模型？

②如何基于产权运行对城市存量空间资源再配置过程进行模拟？挖掘多层次影响因素与多行为主体之间的复杂关系的激励机理？通过改变运行规则触发并激励再配置行为？

③如何将产权激励应用于存量规划与空间治理全过程并结合空间治理现代化和空间治理体系建设的要求提出规划激励治理路径？与当前规划管理体系耦合构建配前“共识”（意愿达成与规划编制）、配中“协同”（产权交易与建设实施）、配后“共赢”（二次交易与效用评估）动态配置机制？

1.4 研究框架与方法

1.4.1 研究框架

研究的技术路线见图 1-6。

1.4.2 基本方法

本书以新制度经济学与城市规划基本研究方法为支撑，尤以新制度经济学的研究方法为基础，强调对现实问题的关注和研究，关注经验、历史和制度分析。本研究运用新制度经济学分析方法，探讨城市空间资源再配置理论与运行体系创新，解释当前我国城市空间资源再配置逐渐陷入配置无力甚至无效的问题根源，揭示城市空间资源再配置的内在逻辑与机理，从而构建城市空间资源再配置的产权激励框架，探索其政策实现路径。

(1) 反设事实

反设事实，即设想或思维实验，也就是对历史事实和某种特定的状态的假设，假设某一条件与事实相反，经济将会如何发展？在新制度经济学中，科斯命题的出现也可以成为反设事实，即假设交易成本不存在，企业就不会存在，因为存在交易成本，企业就具有了存在的理由，它能够利用市场机制节省成本。

(2) 经验和案例研究

阿尔斯通指出：“借助关于制度的理论知识现有成果，案例研究方法常常是推动我们积累关于制度变革理论知识的唯一方法。”在新制度经济学中，案例研究非常普遍。在以交易成本为理论硬核的治理结构的选择以及商业史的研究中，钱德勒(Chandler，1962)、威廉姆森(Williamson，1975)、乔斯科(Joskow，1997，1998)和梅纳德(Maynard，1995，1996)等人的研究基本上都基于案例研究。案例研究从以下三点展开：一是选择一个真实的案例，并对其进行描述，这是案例研究的前提条件与第一要件；二是案例需要有完整的案例要件及其影响的机制和产生的结果；三是案例研究还必须对案例的包容性与相关的事实和制度背景进行检验，最终对案例进行提炼、凝聚和升华，形成新的精确的理论，扩展逻辑的一致性。科斯尤其倡

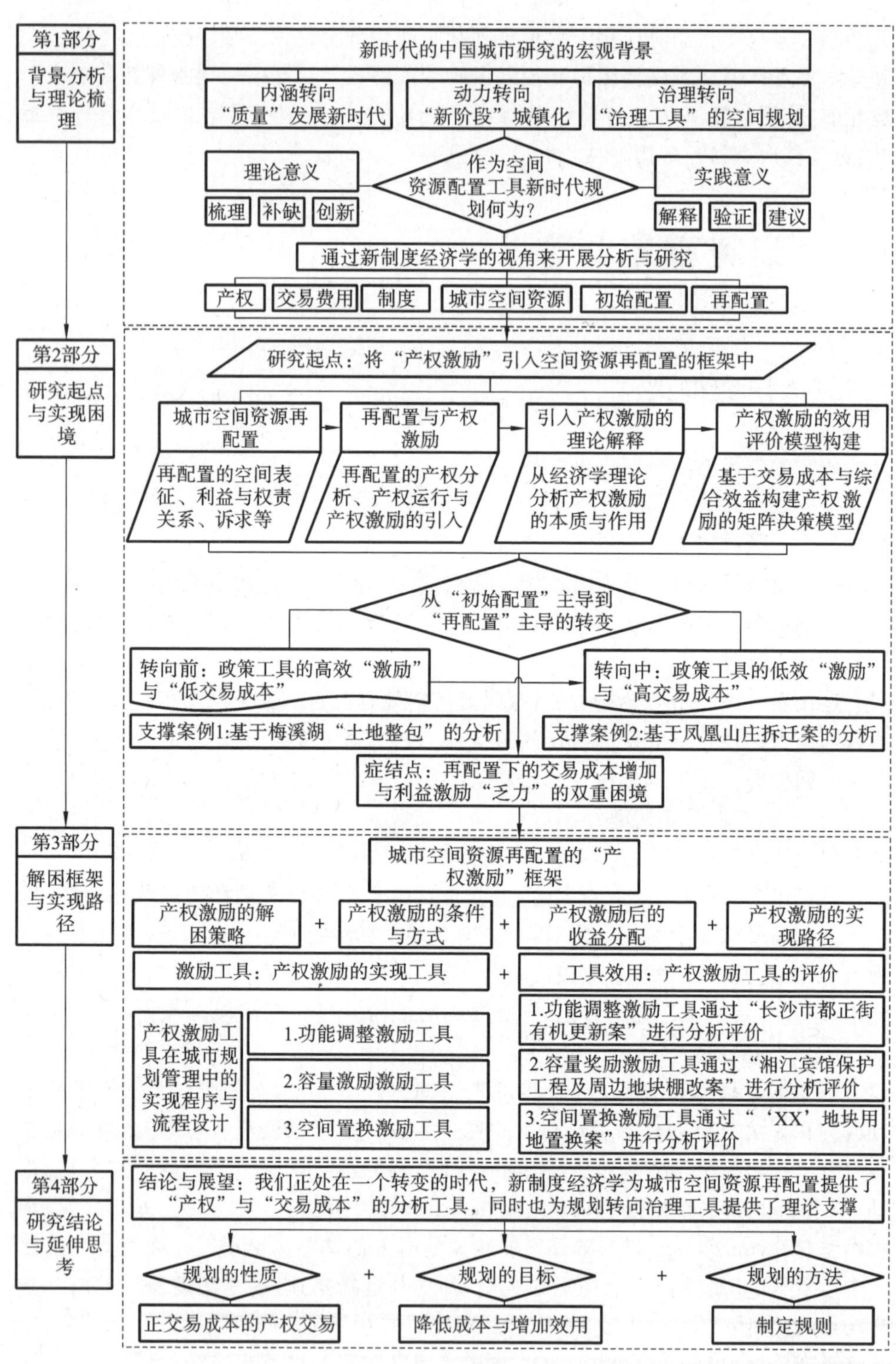
第1部分
背景分析与理论梳理
新时代的中国城市研究的宏观背景
内涵转向
“质量”发展新时代
动力转向
“新阶段”城镇化
治理转向
“治理工具”的空间规划
理论意义
梳理
补缺
创新
作为空间资源配置工具新时代规划何为？
实践意义
解释
验证
建议
通过新制度经济学的视角来开展分析与研究
产权
交易费用
制度
城市空间资源
初始配置
再配置
第2部分
研究起点与实现困境
研究起点：将“产权激励”引入空间资源再配置的框架中
城市空间资源再配置
再配置与产权激励
引入产权激励的理论解释
产权激励的效用评价模型构建
再配置的空间表征、利益与权责关系、诉求等
再配置的产权分析、产权运行与产权激励的引入
从经济学理论分析产权激励的本质与作用
基于交易成本与综合效益构建产权激励的矩阵决策模型
从“初始配置”主导到“再配置”主导的转变
转向前：政策工具的高效“激励”与“低交易成本”
转向中：政策工具的低效“激励”与“高交易成本”
支撑案例1:基于梅溪湖“土地整包”的分析
支撑案例2:基于凤凰山庄拆迁案的分析
症结点：再配置下的交易成本增加与利益激励“乏力”的双重困境
第3部分
解困框架与实现路径
城市空间资源再配置的“产权激励”框架
产权激励的解困策略
+
产权激励的条件与方式
+
产权激励后的收益分配
+
产权激励的实现路径
激励工具：产权激励的实现工具
+
工具效用：产权激励工具的评价
产权激励工具在城市规划管理中的实现程序与流程设计
1.功能调整激励工具
2.容量激励激励工具
3.空间置换激励工具
1.功能调整激励工具通过“长沙市都正街有机更新案”进行分析评价
2.容量奖励激励工具通过“湘江宾馆保护工程及周边地块棚改案”进行分析评价
3.空间置换激励工具通过“‘XX’地块用地置换案”进行分析评价
第4部分
研究结论与延伸思考
结论与展望：我们正处在一个转变的时代，新制度经济学为城市空间资源再配置提供了“产权”与“交易成本”的分析工具，同时也为规划转向治理工具提供了理论支撑
规划的性质
+
规划的目标
+
规划的方法
正交易成本的产权交易
降低成本与增加效用
制定规则

图 1-6　技术路线

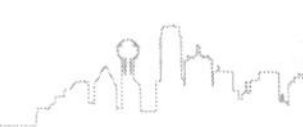

导这种研究方法，这种方法有两个作用：证实和揭蔽。由于城市空间资源的内涵和外延都非常丰富；详细资料难以全面获得，因此，案例分析方法是必要的。

（3）规范分析方法

规范分析方法是一种涉及价值判断的研究方法，主要是为了回答“应该怎么样”的问题，而影射出来的关于价值判断的问题则是“什么是应该的，什么是不应该的”，与人的价值观、意识形态有关。因为在科学研究的认识图式或科学范式中，保持价值中立的实证分析与研究是不存在的。因此，就不可避免地要采用规范分析方法。我国城市空间资源再配置效率低下是事实，因此应该重新构建一种复合转轨体制特征的新型配置制度。

（4）比较分析方法

比较分析方法是通过经济事物或经济现象的比较，试图把握其内在的运行规律和发展变化趋势。它包括横向比较和纵向比较两种方法。其中，横向比较是指对不同地域空间的同一经济事物或经济现象进行对比分析，通过比较其异同，探求隐藏在经济现象背后的客观经济规律，寻求解决问题的办法或途径。纵向比较是指对不同时间序列的同一经济事物或经济现象进行比较分析，把握和揭示事物发展变化的轨迹、规律和发展趋势。在本研究中，纵向比较主要是对传统制度与转轨时期制度的比较，以揭示传统制度的缺陷，找到制度创新的历史逻辑。

第2章　概念界定及相关理论综述

2.1　概念界定

2.1.1　城市空间资源

空间是城市研究使用频率较高的词汇，无论立足于建筑学、城乡规划学、地理学还是社会学、经济学等领域，空间是城市规划学科认识、剖析，城市规划过程中无法回避的核心概念。空间一词包含多重含义，又分为绝对空间和相对空间。其中，绝对空间是指一直以来存在的物质环境空间，而相对空间是指事物不同方面之间的间距关系。相对空间多指人类的社会活动所构筑的空间，即一种抽象的社会关系空间，如不同社会组织的特定结构（如政治、经济、文化结构，或工业、交通等生产结构）可以划分为不同单元（水平排列）和不同层次（垂直排列）的空间。在城市学和地理学中的空间主要有两种含义：①建筑环境的建设和组合，这种建设和组合也是物质环境中社会关系结构的体现，如工厂、道路系统、市区、郊区等；②空间单元中社会组织的组合，如社区、城市、地区、国家、世界等。

在空间理论的重建中，新马克思主义提出要建立“空间辩证法”或“空间—社会辩证法”，城市空间有两种不同的形态：一是空间的物质属性，即以几何物质形态存在的城市实体空间，是通过生产实践活动所产生的、可以触摸的物理空间，例如城市建筑、基础设施等；二是空间的社会属性，即空间与社会的互动关系，以抽象关系形态存在的城市社会空间，是人们在生产实践活动中所结成的日常与非日常的政治、经济、文化和生活关系，完整的空间认知论是物质属性与社会属性的辩证统一。

城市空间作为一种资源，其价值主要体现在两个方面。一方面，从物质属性角度，城市空间作为一种包含了人类劳动、资本及技术投入的产品，通过配置与交易实现增值，体现了城市空间作为一种稀缺资源的使用价值。通过对城市空间配置结构进行调整和重构，合理配置空间资源，提高城市空间单元的使用效率和商品机制，见图2-1。另一方面，从社会属性角度，城市空间资源的稀缺性价值还与其所处位置及邻近单元的空间价值、使用性质及使用状况等有关。优越的地理区位与合理的空间布局不仅有利于该空间单元和相邻空间单元使用价值的提高，甚至影响整个片区和城市，体现了城市空间资源的空间关联价值效应。从城市规划的角度看，发挥城市空间资源的关联价值效应的前提条件是对现存的空间结构进行调整和重组，并通过空间利用方式、改变和创新带来片区的发展。

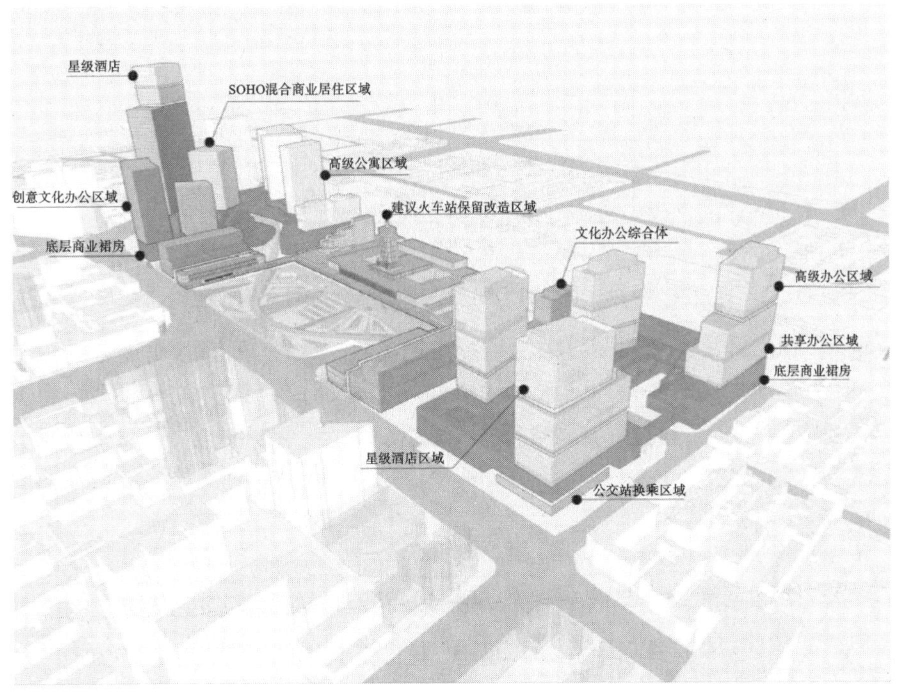

图 2-1　长沙市老火车站地区立体空间开发概念图

资料来源：《长沙市老火车站地区概念性城市设计》。

2.1.2　初始配置与再配置

新古典经济学家认为，资源稀缺性使人类面临着资源有限而欲望无限的矛盾，优化资源配置成为经济学研究的核心议题。从城镇化阶段看，将城市空间资源的配置阶段划分为由农村转为城市用地和城市用地内部更新优化两大阶段；从经济学角度看，空间资源的初始配置支撑快速城镇化发展，而随着城市的空间演替，城市通过空间资源再配置实现优化调整，实际上这两个过程都是动态过程。

在一般意义上，城市空间资源的初始配置与再配置实际是城市发展的两种形态。城市空间资源的初始配置即对新城区范围的城市空间（土地）进行初始开发利用的过程。而城市空间资源再配置则基于城市空间资源的初始配置，从效用最大化的角度出发，对原用地类型、结构及空间布局等进行调整升级，尤其是对旧城区以及城中村进行改造重建等。二者都是通过一定手段挖掘城市空间资源内在潜力，提高空间资源利用率及城市空间的经济、社会或环境效益，见图 2-2。

如巴泽尔所论："界定和再转让所有权的合同，是产权方法的核心。"按照巴泽

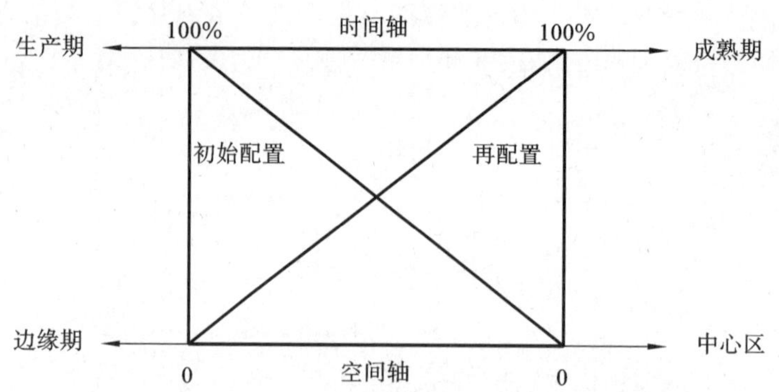

图 2-2 城市开发的时空分布规律(空间资源初始配置与再配置时空关系)

尔的论述，产权界定就是空间资源初始配置的关键过程，若通过人为制定产权制度体系与产权结构，发生产权转让则对应着空间资源的配置调整，按此逻辑，空间资源配置划分为初始配置与配置调整(即再配置)两大类型。空间资源的初始配置兼顾公平与效率，建立体现一般性公平的资源使用规则；而空间资源配置调整则更加关注配置效率的优化。

1. *初始配置*

1978 年以来，我国逐步改革开放、融入世界经济体系，资本、劳动力和土地也一并纳入城镇化过程。随着空间商品化和市场化的推进，国内城市积极主动地转换、整合、交易空间资源，在农村土地资源向城市土地资源转变的过程中换取差价，实现了空间资源的初始配置，见图 2-3。在现行土地制度设计框架下，城市政府获得了巨大的价值剪刀差，即土地红利。土地红利既是开发商参与城市开发的动力，也是政府推动城镇化发展的动力，通过市场化手段实现土地流转、进行城市开发的模式逐渐取代了以人口红利为核心的工业城镇化的空间表征。

图 2-3 长沙市黄兴国际会展中心建成前与建成后实景照

值得说明的是，1994 年的分税制改革带给地方政府的财政缺口激发了地方政府对于 GDP 最大化的冲动，而成形于 2000 年前后的土地市场则为政府实现 GDP

最大化目标提供了一条最佳路径。地方政府通过“收地—卖地”来获取巨大的土地红利，并以此进行基础设施投资、招商引资和发展工业等。学者刘守英统计，在东部城市建设的资金构成中，土地出让收入约占 30%，且其中的 60%是通过土地进行抵押融资所获得的贷款，因土地而获得的城建投资资金占比达到 90%。以 GDP 竞争与短期政绩导向下，城市政府更强调城市空间规模扩大与公共基础设施快速推进，往往忽视市民生活质量的提升与城市之间的产业分工与协作，最终导致城市之间的恶性竞争与低水平重复建设现象普遍。在土地财政制度下，地方政府受税收增长与城市扩张的双重目标刺激，不约而同地选择了“高房价—高房地产投资—高土地出让收益”的循环方式推动城市规模扩张与经济增长。

2. 再配置

资源配置并非一劳永逸，由于条件的变化，原来已配置完成的资源需要再配置。实际上，人进行经济活动，面临的总是已配置好的资源，进行经济活动总是要再配置资源，这是广义的资源再配置。引起广义资源再配置的原因有三种：①技术进步引起的再配置，随着技术的进步，资金、劳动力和其他资源要素不断从生产率低的部门流向生产率高的部门；②部门间非均衡引起的再配置，在经济发展过程中，常会有一个或几个瓶颈部门阻碍整个经济的发展，资源在不同部门间的配置经常处于不平衡状态，推动资源及要素向瓶颈部门流动；③区域间非均衡引起的再配置，在经济发展过程中，由于多种原因，各地区发展不均衡，需要政府进行宏观调控，其目的在于实现各区域的均衡发展，促使人才、科技、资金等生产要素向欠发达地区转移。

本书所研究的再配置的对象较为具体，是狭义、特定的资源再配置，指已完成由农用地转化为城市用地的城市空间资源。已有研究表明，在转型背景下，城市空间再开发受到地方政府、房地产市场等双重利益的追捧，它已经成为中国城市空间转型与重构的重要动力。总之，中国进入了利益博弈时代。

从经济学的角度看，在城市经营的理念指导下，通过提升城市空间资源使用效率而运用多种经济工具，整合政府、市场和社会力量进行以复兴经济、重构内城社会与文化空间为目标的再开发行为就是城市空间资源的再配置过程。列斐伏尔的空间生产理论，讨论了在资本力量介入下，城市空间更新与社会关系的更新过程。在列氏的思想中，生产既是一种物质过程，也是一种精神过程。城市空间的更新，既是一个生产过程，更是一个博弈过程，见图 2-4。博弈的要素复杂多元，包括权力、资本、话语、技术、艺术、文化、生活、商业、环境等，是一个系统演化的复杂过程，所以，城市更新既是一种空间再生产过程，也是空间资源再配置过程。

2.1.3　产权

产权，即财产权利，也称财产权，是英语 property right 的汉语翻译的不同用

图 2-4　改造前的长沙市“堕落街”与改造后的大学创新园

法。property 是一个多义词，带有财产、所有权、所有制的多重意思，加上表示权利的 right 就是财产权利或财产权，简称“产权”，是财产主体围绕或通过财产而形成的权利关系，包括人权中人的生命权利（或称生存权）、财产权利和社会与政治权利（段毅才，1992）。关于产权的定义及相关研究已非常丰富，已获得法律和经济学界基本认同的概念为，产权并不是指人与物的关系，而是以物为基础，由于物而引起的人与人之间的行为关系。可见，产权可以分为所有权、占有权、使用（支配）权、收益权和处置权。产权有两种存在形式，即共有产权和私有产权。共有产权就是通过一种产权分配制度将其配置给共同体的所有成员，而私有产权就是人们对产权进行排他性选择的权利。当然，不管是共有产权还是私有产权，都不是永久不变的，人们可以借助完善的产权制度进行保护、转移和获取产权，这也是产权进行配置和再配置的关键属性。

2.1.4　交易成本

交易成本是新制度经济学的核心概念之一，其思想最早源自科斯（Coase，1937）。阿罗（Arrow，1969）是第一个使用交易成本的人，威廉姆森则系统地研究了交易成本理论，认为交易成本包括动用资源建立、维护、使用、改变制度和组织等方面所涉及的所有成本。在现代制度经济学中，交易成本还有更为广义的理解。一般意义上，“交易成本是经济制度的运行成本”（Arrow，1969），张五常（1999）也认为，“交易成本实际上就是所谓的‘制度成本’”，约拉姆·巴泽尔（Yoram Barzel，1997）把交易成本定义为与转让、获取和保护产权有关的成本。爱格斯顿观察到“在通常的术语中，交易成本就是那些发生在个体之间交换经济资产所有权的权利并且在执行这些排他性权利过程中的费用”。菲吕博顿和瑞切特认为交易成本的典型例子是利用市场的费用（市场交易成本）和在企业内部行使这种权利的费用（管理性交易成本）……（还有）一种与某一政治实体的制度结构的运作和调整相关的费用（政治性交易成本）。从广义的角度而言，交易成本是经济制度的运行费用，

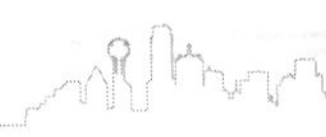

即制度成本,包括制度的确立或制定成本,制度的运转或实施成本,制度的监督或维护成本,所有这些持续发生的成本,以及制度中与政治组织有关的成本,构成了交易成本的基本要素。

2.1.5　制度

按照新制度经济学理论,制度决定着经济绩效(Coase,2003)。新制度经济学的制度理论开创了从制度的独特视角来考察历史脉络演进的先河,将人的行为与规则进行关联分析,以揭示规则对人的行为及社会发展的影响,是理解社会发展的重要理论工具。不同时期的制度经济学家赋予制度不同的含义。早期的制度主义者如凡勃伦,从心理学出发,认为制度是大多数人所共有的"固定的思维习惯、行为准则,权利与财富的原则"(Veblen,2009)。康芒斯则沿用人们的习惯思维方式,认为制度就是通过一种集体行动的方式来控制个人行动,即"集体行动抑制、解放和扩张个体行动"(North,1991)。其实质是把制度理解为组织及组织结构的运行规则,诸如行业协会等组织就是一种制度。新制度经济学者侧重从行为规则的角度来定义制度,如舒尔茨(Schultz,1986)认为制度是一种涉及经济社会与政治等各领域的行为规则,诺斯(North,2008)认为制度是一种社会的博弈规则,它们被制定为用于定义人们的相互关系,同时,也构造了人们在政治、经济或社会方面发生交换的激励结构。与诺斯的观点一样,拉坦也认为制度就是被用于支配特定行为模式与相互关系的一套行为规则。青木昌彦等从博弈论角度出发,对制度概念进行界定,他认为,制度的最显著的属性就是对均衡博弈路径显著和固定特征的一种表征。

对制度概念的理解不涉及价值判断,而是源于研究目的不同。本研究的目的在于通过空间资源配置与再配置实践主体及其活动演变过程,来探究空间资源再配置变迁的内在机制。在关于制度的定义中,诺斯从实践活动主体行为规则的角度来分析制度比较符合研究的需要,本研究采用诺斯的制度观点。另外,诺斯认为制度是社会博弈的规则,是用于约束人们关系与行为的框架,诺斯定义的制度不包括组织,本研究也基于此观点。

2.2　国内外研究进展综述

2.2.1　国外研究综述

1. 新制度经济学与城市规划

西方传统城市规划理论基于庇古福利经济学(Alexander,1992;Lai,1994;

Webster,1998,2005),随着经济学理论范式由福利经济学向新制度经济学转变,城市规划理论范式也发生转变,以科斯等为代表的新制度经济学派不断完善理论,逐步构建了一个庞大的新制度经济学体系与研究范式。

在城市规划领域,亚历山大(Alexander)首次将新制度经济学引入城市规划,亚历山大认为:从本质上来讲,市场并不需要城市规划,规划也不是一种必然的公共干预,而是一种面向市场行为的协调(coordinative)和治理(governance)手段,城市规划应关注制度设计。通过引入新制度经济学的分析工具,亚历山大还指出,作为一项关注制度的工具,交易成本(Transaction cost)是衡量其好坏的重要标准。针对规划中交易成本的问题,他还提出了通过"私有化和引入第三方管制,以降低城市规划过程中的交易成本"来应对规划问题。

随着新制度经济学理论不断发展与演化,形成了一套更加完善的理论体系,从而为全面、系统、动态地研究城市规划、城市建设、城市发展及其制度发展变化规律,以及制度在经济发展中所发挥的作用,奠定了理论基础。从文献梳理看,新制度经济学的理论方法在城市规划中的理论研究与应用探索主要可以总结为三个方面,并形成了基于交易成本、产权法则和公共选择的三个规划理论流派。

(1) 聚焦交易成本以应对规划问题的研究

其中交易成本规划理论认为城市规划作为政府干预市场的一种制度安排,制度存在制度成本,即城市规划的制定、实施与执行、监督都存在成本(E. R. Alexander,A. Faludi,1989; E. R. Alexander,1992,1994,2001a;2001b),并提出:衡量一项城市规划有效性的核心在于规划安排是否能有效地减少规划实施过程的交易成本,而不在于城市规划是否源自市场的自我调节或政府干预。因此,交易成本理论学派认为:不是市场失灵或政府失灵需要规划,而是组织需要规划以便减少交易成本。同时,以奥斯特罗姆(E. Ostrom,1990)为主的新制度经济学理论学家,通过引入制度经济的理论工具,系统性分析了"哈丁悲剧"(Hardin,1968)产生的原因,主张通过制度创新来降低交易成本,从而提升城市规划的效用。可以看出,基于交易成本的规划理论为从制度本质上认识城市规划、破解城市规划的问题奠定了基础,关于交易成本的讨论也是本研究的一个重要理论出发点。

(2) 聚焦产权法则以应对规划问题的研究

产权法则规划理论承认城市规划外部性成本问题的现实性,并通过不变法则和产权法则来解释。其中不变法则认为市场先天具有"讨价还价"或以协商方式化解外部性问题所导致的成本问题,而并非取决于规划管制的刚性程度或规划管治自由裁量的弹性程度。市场通过成本与收益的核算能够真实有效地将信息反馈给规划师,进而为拟定更加合理化的规划方案提供依据。产权法则则认为规划师能否合理规避规划过程产生的外部性成本问题的关键在于产权配置与安排是否清晰。佩宁顿(Pennington,2002)、韦伯斯特(Webster,1998;2005)、赖(Lai,1994)等持产权规划理论的规划师认为:解决城市规划外部性成本的基本方法是产权私有

化，关键在于政府主动让权，做好“裁判员”与“监督员”的角色。

然而，产权法则在西方规划界也同样面临着质疑。首先，政府无法完全退居幕后；其次，即便政府主动让权，只承担监督与裁判的角色，城市规划依然会存在交易成本的问题，因为城市规划本身也存在交易成本。按照韦伯斯特的观点，政府管制与市场总是同时发挥作用，韦伯斯特认为清晰的产权界定能够应对城市规划所产生的外部性成本问题的关键在于：在现代市场经济的运行体系中，产权界定清晰可以为市场主体提供更加明确的信息选择，主体可以根据自身偏好做出选择，避免了规划过程中的“搭便车”问题，进而有效降低因外部性而产生的交易成本。可以看出，基于产权法则的规划理论，同样为破解城市规划的问题提供了分析基础，关于产权法则的讨论也是本研究的一个重要理论出发点。

(3) 聚焦公共选择以应对规划问题的研究

公共选择规划理论认为政府在城市规划过程中也是经济人，其目的在于通过城市规划的集体行动实现利益最大化，城市规划就是政府实现其目标的制度安排。正如奥尔森(Olson，1965，1971)在《集体行动的逻辑》一书中所述：在一定范围与规模内采取集体行动，最终可能只会使那些更具有话语权的利益群体受益，而不会引起普惠的结果。因此，在城市规划实施过程中协作行为能否产生的关键在于城市规划制度的强制性以及规划过程中各主体的预期利益大小。马克·佩宁顿(Mark Pennington，2000)运用公共选择规划理论对英国城市规划的实施进行了研究，并解释了英国制度变迁背景下规划干预市场的结果。当然，尽管当前规划实施的结果是否有益于特殊群体或整个社会尚待实践检验，但公共选择理论从现实性及政治性的角度理解城市规划的本质与实施过程中的问题对本书的研究具有重要启示。

2. 空间资源再配置的相关研究

国外关于空间资源再配置的相关研究主要集中在两个领域：一是将其视为一种社会经济活动，研究者以地理学家、土地学家、经济学家等为主；二是将其视为城市发展中的一个具体行为，如城市更新、城市复兴、城市再生等，城市规划领域的学者所展开的研究大多基于这一视角。

(1) 空间资源再配置视角——基于社会经济活动的研究

最早从经济学活动区位的角度研究空间资源配置的代表人物是杜能和韦伯等。其中杜能(J. H. Thünen，1826)提出了著名的农业区位理论，该理论认为土地资源配置的集约化程度取决于土地的天然属性和经济社会发展水平，尤其是消费地与产地之间的距离。韦伯(A. Weber，1909)则提出了著名的工业区位理论，其核心观点在于工业企业的选址要结合交通、劳动力分布及其他因素进行综合考量。同时，诸多经济学家(主要指空间经济学)也探讨了城市规模及城市用地布局。按照空间经济学的分析逻辑，首先，个人选择受到收入约束，土地是家庭效用的一部分，由于土地受到区位的影响，在不同的区位、地段，其消耗的交通成本及地租都不同，个人只能在一定收入水平下进行选择，实现个人效用最大化；其次，厂商通过对劳动力、资本及土地等多因素进行分析、选择，实现既定条件下的利润最大化。个人的效用最大化与厂商的利润最大化最终体现在城市空间经济中，并寻求一个最优解，通过不同空间区位及条件下的规划开发强度与使用方式（用地性质）的方式体现。在经济学理论体系中，根据研究的侧重点不同又分为三个主要方面：一是以William J. Stull（1974）、Elhanan Helpman（1977）等为代表，探讨了在土地私有化背景下的地租最大化情况；二是以 Papageorgiou（1971）、Hartwick P. G.（1974）等为代表的经济学家，探讨多中心城市多重均衡的空间布局最优化模型；三是以 M. Fujita（1980）、H. Ogawa（1980）等为代表的经济学家，探讨在多中心状态下的城市空间经济的均衡模式及空间布局与利用等。

持城市空间资源配置是一种社会经济活动观点的学者们，主要结合经济学方法对城市土地市场展开研究，探索了多类型城市土地（空间）资源配置的模型。阿朗索（Alonson，1964）通过完善杜能竞标地租理论，讨论了不同类型的用地需求，解释了单中心城市的土地利用与资源配置模式；米尔（Mill）和穆斯（Muth）将土地利用的方式与市场机制结合，构建了面向资源利用效率的模型，以此揭示土地市场本质；谢利丹（Sheridan Titman，1985）采用期权和其他衍生证券的方式研究了不确定条件下的土地价格，揭示了土地价值不确定性与建筑物之间的关系；丹尼斯（Dennis R. Capozza，1993）考察了城市发展中连续性土地开发的决策过程，认为城市通过土地开发不仅改变了建筑功能与建筑密度，还对区域土地价格和空间结构产生深远影响。丹尼斯的研究表明，在确定条件下土地多用途转换政策设置是城市土地价值和密度的重要影响因素。

受经济体制影响，国外的研究主要聚焦于“政府对市场机制的干预”而引发的制度经济学的相关问题，如资源外部性问题以及规划对土地市场的影响。彼得森（Peterson，1974）认为，如果规划未促使某区域土地得到最合理利用，则该区域对其土地的价值具有负面影响；一旦排除了负外部性，土地利用价值会得到正面回报。汉德森（J. V. Henderson，1985）应用静态模型调查规划情况和房地产市场对城市的影响。埃锐克（Eric Helland，2002）从规划影响的角度对土地财产分配进行了研究，指出房地产价格包括土地价格、地上附着物价值及期权价格。其中，期权价格是地上附着物在未来改变用途时可能产生的价值，因此，他认为是规划改变了不同土地使用者的财富分配；史迪文（Stephen Sheppard，2002）提出了评价土地利用规划的收益和成本的实证方法，认为土地利用管制对于福利及分配具有较大影响。

国外关于城市空间资源利用的研究较为全面，为本研究开展提供了良好的理论基础与借鉴。然而，囿于国家政治体制、运行机制与中国现实情况存在较大差别，在本书研究中，借鉴新制度经济学的方法论，如将城市规划、城市建设与城市发展的过程纳入制度经济分析体系中，以制度经济学的理论、方法及模型来讨论城市

规划的问题。

(2) 空间资源再开发视角——基于具体行为的研究

空间资源的再开发过程是指城市建成物质环境变化、更替的过程，空间资源再开发的过程伴随着用地性质的转换、建筑物功能的转变、功能的复合化以及开发强度由低向高转变。关于再开发，也称为城市更新、城市再开发、城市再生和城市复兴等，虽然称谓不一致，但实质却相同，都是指城市空间资源的再开发和循环利用。城市空间资源再开发过程涉及的主体利益复杂，是一个多方利益博弈的过程。通过一定的协商机制，形成重新配置的方案。Molotch 认为，城市增长是城市精英之间利益和资源的再分配与重组，城市政府和城市精英组成增长联盟，重组过程就是城市精英谋取更大利润的增长器；持不同观点的专家认为城市再开发并非全由精英决定，还要考虑其他因素。实际上，城市再开发的过程涉及各个复杂的利益群体，各群体的目的和预期收益都不一致，在再开发过程中的博弈形成了城市再开发的运行体系。

自 20 世纪 80 年代以来，公私合作成为西方进行资源分配、执行公共政策的重要手段之一，也成为西方国家进行城市再开发的主要形式。当然，受到政策与法律体系的差异影响，城市再开发的实际运作也不尽相同，如美国主要采取区域增长管治、投资、公私合作、城际协同以及财政利导等方式；英国则实行以城市开发局为主，规划分区、红利补助和项目准入等配套措施为辅的再开发策略。

可以看出，西方城市再开发的核心目标是为了更加有效地运转资本，以激励和推动利润最大化，城市精英在资源再配置过程中占据主导地位，同时兼顾其他各方利益及公共利益，以减少摩擦带来的交易成本。研究表明，城市空间资源再开发的过程，既是产权关系的调整过程，也是社会关系调整的过程，涉及利益多元主体，各主体之间互动机制的建立对其配置的效用具有决定性作用。

3. 国外研究评述

从国外研究看，鉴于新制度经济学理论的快速发展、国外政治经济体制的相似性以及其所处城市化阶段特征，欧美发达国家将新制度经济学引入城市规划领域的研究与实践具有较强的理论与实践基础，其研究方法与研究体系都在逐步完善。从文献梳理也可以看出，国外研究大都是源自基础前沿最新理论的推动，较少出现理论套用，整体上呈现出较为严密的研究逻辑。

基于以上研究观点梳理可见：国外通过借鉴制度经济的理论工具对城市空间资源配置与再配置过程进行分析，以提升城市规划及空间资源再配置的运行效率为目标，借助政策工具制定激励与约束机制应对再配置中的问题。这一基本研究路线与空间规划，尤其是空间资源配置领域的研究具有一致目标，表明从制度经济视角探讨城市空间资源配置规划应对路径具有可行性。

①从新制度经济学与城市规划的研究可以看出：新制度经济学的发展与大规模城镇化发展过程在时间线上基本保持同步，使得通过借鉴其理论方法来研究城

市空间资源再配置问题缺乏大量实践样本支撑，相关研究停留在理论探讨层面，且通过其他经济学方法与理论工具对城市空间资源再配置的相关研究，都表现理论高于实践的特点。

②从空间资源再配置的相关研究可以看出：受限于实践土壤的原因，国外关于城市空间资源再配置的理论与实践结合的案例较少，而大多采用抽象化模型与公式对城市空间资源再配置问题进行量化研究，而受限于城市问题的复杂性与规划师的专业背景，抽象化的理论模型对规划师解决城市问题的帮助有限。

研究表明：一方面，以制度经济的理论工具全过程介入城市空间资源再配置，对城市规划理论创新具有重要意义；另一方面，在研究过程中不可全盘拿来，事事模型化，应结合中国国情与本土特点，进行归纳推演，从而提炼总结出具有针对性的结论，最终形成研究成果，这也是文献梳理对本研究的方法论启示。

2.2.2 国内研究综述

1. 新制度经济学与城市规划

20 世纪 90 年代，随着新制度经济学理论体系的不断完善，其解释经济学现象的能力逐渐受到了国内经济学者们的关注，学者通过新制度经济学的理论来解释中国改革开放过程中的制度变迁、绩效提升及交易费用减少的原因。这一阶段的应用以经济学为主，基于新制度经济学的城市规划研究与分析讨论比较少见。笔者认为主要原因在于快速城镇化发展刚起步。相比于经济体制的转型，快速城镇化起步于 20 世纪 90 年代中后期，现有改革还不足以揭示制度变迁演化过程潜藏的深层问题。随着新世纪的到来与中国城镇化发展转型，越来越多的专家学者意识到制度经济分析的重要作用，逐步将新制度经济学的理论工具引入城市规划，并结合新公共管理学的发展，为城市规划转型奠定了理论基础。

(1) 聚焦解释工具以应对规划问题的研究

何明俊(2005)从政府作用与行政法的角度，探讨了现代产权制度对于城市规划的重要性，并提出了城市规划应从私有产权和公共利益平衡的角度构建规划机制，以保证规划的公平性，进而为《城乡规划法》的修订提出了建议。邹兵(2003)从城市规划实施的角度出发，认为个人的选择是基于产权集合的安排，个人在做出选择前，会根据投入与产出进行权衡，他同时指出了产权界定的重要性，他认为如果产权没有被清晰地界定，就无法进行交易并实现预期收益，社会效益就会受损。周国艳(2009)通过梳理西方城市规划理论的嬗变，认为城市规划作为一项公共政策和一种制度安排，其有效实现取决于相关参与者是否按照制度安排行为。她指出：新制度经济学理论对中国现行城市规划实践的启示在于，制度固然很重要，但影响制度形成和实施的最根本因素则是价值观，只有价值观实现转变，才能真正走上一条低交易成本的制度创新之路。桑劲(2011)分析了经济学范式从福利经济学走向

新制度经济学的过程，认为经济学范式转变引发了城市规划范式的转变，继而将新制度经济学的交易成本与产权分析工具引入城市规划。

（2）聚焦政策创新以应对规划问题的研究

童明（1999）从现代公共政策的思想基础入手，认为规划在历史演进过程中，逐步从工程设计转向政策工具；童明（2005）引入了产权分析工具，认为城市资源具有稀缺性属性，且当城市空间资源的稀缺性达到一定的临界值，会推动产权制度的建立并以此来提高城市资源配置效率，对产权分析工具在城市规划中的应用提供了新的方向。赵民（2006）基于当前城市开发建设中高层楼盘围攻公共开放空间的现象，提出了景观眺望权，进而提出在市场经济利益主体多元化的背景下，规划应当关注财产权，提出了市场经济下的城市规划转型。张庭伟（2006，2008，2011）关于新制度经济学与城市规划结合的研究较多，他认为规划是一种制度安排，而规划理论的本质是在某个特定时期的一种制度创新（张庭伟，2014）。田莉（2007）借助新制度经济学的产权分析工具，对我国的控制性详细规划进行了分析，认为控制性详细规划就是一种对土地发展权进行配置的工具，提出规划师应改变对控制性详细规划终极蓝图的认知、强调过程规划，以提升规划的可操作性。同时，借助产权工具分析了当前通过产权创新（田莉，2013）来化解当前城乡空间发展中存在的误区与制度困境，及在土地城镇化广受诟病的背景下，如何通过制度创新助力新型城镇化进行了展望（田莉，2013）。又通过借鉴新制度经济学的相关理论（田莉，2015，2016），构建了“产权重构—发展机会重新分配”的分析框架，并对存量背景下的利益分配进行了实证考察与政策应对。邹兵（2013，2015，2017）借鉴了新制度经济学关于产权及交易成本分析工具，认为城市规划的本质是资源分配的政策工具，在增量规划阶段能够快速发展的原因在于土地财政制度设计能够极大地降低交易成本，而在存量规划的背景下，城市规划过程的交易费用将不断增加，直至影响规划的实施，因此，涉及空间资源再配置的存量规划需要通过制度设计以降低交易成本。胡纹等（2017）认为旧改是产权交易与利益再分配的过程，协商机制是其利益博弈的制度设计之一，通过新制度经济学的分析，认为制度的作用在于降低交易成本，并以曹家巷改造为例，对改造中的交易成本进行了深入的剖析，进而提出了制度设计突破。

（3）聚焦治理转型以应对规划问题的研究

赵燕菁（2005）是国内全面地将新制度经济学的理论体系与工具引入城市规划的学者，其在 2005 年《城市规划》连续发表的两篇文章中，将制度经济分析引入城市规划，并指出当前的规划编制与规划制度构建在制度影响为零的基础上，而这些理想的规划方案一旦进入实施阶段，就会受到制度的影响而变形，进而引入新制度经济学的方法，通过研究借鉴将制度经济学的分析工具引入城市规划的制度分析框架，形成了一套较为完整的研究框架。他的核心观点就是城市规划可以分为两个部分：一是空间设计，二是制度设计。前者是制度基础，后者则是制度保障。当前我国城市规划存在的问题在于重视前者，而忽视后者的作用，所以导致规划师的理想城市始终无法实现。赵燕菁(2005)将新制度经济学引入城市规划并非为了解决一个或者多个问题，而是为了构建一套基于制度经济的规划理论体系，在其诸多的研究成果中，都借用了新制度经济学的研究工具，并逐渐形成了较为完善的分析模式，相关文献不一一列举。冯立(2009)通过引入新制度经济学及产权理论对城市规划进行解读，认为当前城市规划偏重物质形态和技术方案，企图通过图纸上的最优空间方案解决复杂的现实空间问题，最后导致规划失效，从而引入了产权研究的新视角，同时认为，对于新制度经济学应采取批判的态度来引入；而后，他又通过将产权制度引入划拨工业用地更新的分析研究中(冯立，2013)。孙施文等(2015)通过对田子坊地区更新改造中存在的困难入手，揭示改造难以推动的原因在于现行制度的限制，通过对案例的观察与跟踪分析，他认为“城市更新是一种经济、社会、空间关系调整的过程”，各种力量交织博弈，因此有必要构建可持续扩展的利益共同体来推动。何鹤鸣、张京祥(2017)认为存量用地的再开发是一个产权交易和利益重构的过程，考虑到中国土地政策的本土化特征，试图探索针对城市存量用地再开发的政策设计、产权交易和再开发的逻辑关系，并提出规划应对策略。

以上梳理了部分研究成果，还有学者分别从各自的研究领域与角度就新制度经济学与城市规划的结合进行研究，值得说明的是，关于新制度经济学中城市规划中的应用已是如此深入，以至于有部分文献未能尽全，但这却足以说明了新制度经济学与城市规划结合的相关研究已被业界接受。以新制度经济学视角研究城乡规划的相关问题在我国并非一个全新的课题。

虽然有关研究文献成果丰富，但总体而言，用新制度经济学的理论工具解释现象与分析问题的居多，而真正能够将理论工具运用到规划变革中，并系统性提出规划转型路径的相对较少，因此，本研究的选题具有一定的实践意义，也为本书提出基于产权激励的城市空间资源再配置理论框架奠定了研究基础。

2. 空间资源再配置的相关研究

为便于对比研究分析，本书亦从两个视角对文献进行梳理，即将空间资源再配置视为一种社会经济活动和具体行为。

(1) 空间资源再配置视角——基于社会经济活动的研究

朱荣远(2005)以深圳为研究对象，通过空间资源重新配置对城市更新进行了定义，提出“城市更新是源自一种高速发展中的社会和市场的需求，是源自对管理社会、维护法治等原因对空间资源重新配置的思考的结果”，进而提出“关注城市更新计划中的社会性和资源性”。闫小培等(2008)从权力的视角对城市空间资源配置进行了研究，认为“城市空间资源的配置是城市权力组织之间竞争、合作、冲突等博弈过程的结果”。陈蔚镇(2008)分析了上海中心城区社会空间转型中存在的极化与片段化的典型表象，提出“改造既是城市物质更新过程，同时也是一个利益竞争过程与社会更新过程”，针对上海愚园路改造案例中“局域社会阶层拥有的空间资源无法通过简单的市场交易来实现利益表达”的问题，提出“以政策性收益的预期弥补民间资本在开发利益上的平衡”，“通过地方政府的转移支付来达成开发利益增值的地区共享”。罗彦等(2010)通过研究深圳福田区的空间资源现状，认为“快速城市化的粗放发展”导致了“土地、资源、人口、环境难以为继的紧约束特征”，提出对“空间资源进行重组和配置，实现城市再生，满足新时期紧约束条件下城市发展的需要”。王一(2010)以北京什刹海街道社区为例，研究了公共配套服务空间资源配置与旧城保护的关系；王文静(2010)探索了城乡统筹背景下县域空间资源配置的方式；王叶露(2012)基于低碳理念对南京地铁一号线站点周边空间资源配置优化进行了研究；李沛东(2015)从城市设计视角研究了产权与公共空间资源配置的关系。

2012 年 12 月，《深圳特区报》第一次报道了深圳园区经济与城市更新的经验，提出通过产业转移、老区改造，为新兴高端产业落户挤出新的发展空间，提高产业用地的产出效率，突破发展空间瓶颈，实现空间资源优化配置；不久，《深圳特区报》再次对深圳通过制定优化空间资源配置的“1＋6”文件，利用政策红利来调动各方资源服务深圳的经济发展方式转变，保障空间资源优化配给和有效供给进行了报道。王雍君等(2013)对首都机场高速公路收费政策调整引发的后果进行了分析，提出了在稀缺性世界中，政策制定需回归基本经济学原理及依靠价格机制来确保使用者对城市空间资源的合理付费来实现资源有效配置、成本补偿。李伤等(2014,2016)认为，城市空间资源配置不仅作为一种技术手段，更是一种利益分配过程，其基于产权理论重点研究了空间资源配置的产权结构形态，即完整性、完善性和公共领域，代表了空间资源已被界定的产权框架的利用效率。张立(2016)通过对改革开放以来城市空间资源配置数据分析，认为新型城镇化背景下，城市空间资源配置的重点将从以产业空间为主向以居住空间为主转变，并提出了有效配置的若干调控策略。杨建飞等(2017)从空间政治经济学的视角，研究了马克思主义政治经济学地租理论在解释城市空间资源配置方面的生命力。

此外，土地资源配置、土地资源优化配置、土地资源再配置与本书所研究的内容也有着较为密切的关系，由于文章较多且研究体系相对完善，不再一一列举。

通过文献的梳理可以发现，从城市规划领域对社会经济活动影响的视角来研究空间资源再配置问题的文献相对较少，这与传统城市规划关注空间问题多于关注资源问题有着重要联系，如何既关注空间又关注资源也成为在城市规划领域开展研究的一个重要转变，亦是本书的立意所在。

(2) 空间资源再开发视角——基于具体行为的研究

关于城市更新(诸如城市复兴、城市再生等)的研究已有较为完整的研究体系，相关研究的文献也非常丰富。改革开放为城市发展带来了巨大的动力，也为城市空间资源的再开发带来了机遇，从 1984 年在合肥召开全国首次旧城改建经验交流会开始，经过 30 余年的发展，产生了诸多模式与实践案例，如北京菊儿胡同有机更新、苏州十全街历史环境再生、上海新天地开发性保护等，对城市更新的策略、方法、学术研究、实践有重大指导意义，并引入了有机更新理论、全面系统更新理论；此外，不同的专家、学者从不同的角度、抓住不同的重点对城市更新进行研究，本书梳理了部分研究成果，发现当前关于城市空间再利用方面的研究主要包括“与科学关联的量化研究”、“与社会关联的政策、策略研究”及“城市更新的规划设计方法研究”三个方面，而从研究对象上来看，大致可以分为住宅商业区更新、街道更新改造、历史建筑更新改造三类，且大多通过实证展开相关研究，案例多集中于北京、上海、广州等特大城市的更新项目，关于此研究的内容不再一一赘述。本研究聚焦研究对象——空间资源，重点对城市更新和空间资源相关的研究成果进行梳理。

朱荣远(2005)是较早从空间资源配置的角度研究城市更新问题的学者。张汉等(2008)通过对英、美等国城市更新的发展历程进行梳理，认为在城市更新中，政府、开发商与社区三方之间势必会存在合作、协商与妥协，也存在矛盾、对立与冲突的复杂博弈关系，而城市规划师的责任在于“使三方在明确具体的更新规划与设计框架中联系起来，并就空间资源再分配方案开展讨价还价”。肖红娟等(2009)认为在空间资源再配置的过程中，建立多方利益主体参与的规划体制至关重要；吕晓蓓等(2010)以深圳“金三角”地区城市更新的系列实践为例，通过反思国内大城市中心区大规模拆除重建的负效应，引入西方城市复兴的经验，以探索空间资源整合的方式进行城市更新，核心理念在于发挥政府在维护公共利益、搭建协调平台、树立建设标准和提供政策保障方面的主导作用，在分散的空间资源中植入和链接公共服务系统，实现从分散到整合的效果。徐新巧(2010)以深圳华强北片区为例，认为在熟地上开发，由于受到各种条件的限制，其开发必然是一个复杂的系统工程，应着重从资源评估、规模预测、详细规划设计及公共政策等方面对更新改造地区的地下空间资源的开发利用问题给予关注，从技术到法规方面进行不断完善。

史亮等(2010)以北京原西城区为例，梳理可利用空间资源，从功能优化、空间拓展等方面研究规划利用方法，进而提出引导城市更新与规划实施的策略，文章将空间资源利用特点与用地使用主体及其产权特点进行了关联性分析研究，提出了根据不同产权的综合利用模式建议及功能优化对策，最后提出了“制定一套评价标准”、“形成一种工作模式”、“提供一种解读方式”、“提出一套拓展思路”和“建立一个维护平台”来构建一套系统化的空间资源的挖掘和优化利用模式。王卫城等(2011)认为在增量发展模式下土地粗放利用，更多考虑城市框架拓展和城市生产空间组织的需要，对人的生活需求及城市精细化发展等考虑不够，在下一阶段需要优化配置与重组空间资源，提高空间利用的质量与效率。杨帆等(2015)认为“建立持续的、广义的城市更新理念”、“存量空间资源的规模结构优化和空间结构调整”、“土地使用的混合程度”和“建立一套自下而上参与更新的体制机制”对于发挥空间资源的潜力尤为重要。朱猛等(2017)构建了基于资源挖掘、渗透与融合的城市更新方法，将空间资源价值引入城市生活，再通过整体设计将其价值融入城市更新的

总体布局、文化延续和功能升级设计中。许宏福等(2018)基于广州交通设施用地再开发利用案例，通过对土地增值利益再分配的探索，强调基于政府、市场、群众等的多利益主体的更新机制协作与利益协调对城市更新的重要性。

可以看出，1995—1998 年间，研究主要集中于基础概念的引入和相关理论的引入；1999—2001 年间，从多角度对城市更新展开研究；2002—2005 年间，关于城市更新的研究进入缓慢发展阶段；2006—2009 年间，出现了以资源为核心的更新研究，关于新阶段的城中村、旧城更新成为这一时期的研究热点；2012—2018 年间，城市更新开始出现了新的研究内容，“三旧”改造成为研究的热点。

3. 国内研究评述

通过对国内新制度经济学与城市、空间资源再配置的相关研究文献的梳理，可知目前国内新制度经济学与城市规划的交叉研究体现出以下显著特征。

①借鉴新制度经济学的理论工具对城市规划本身及城市相关问题进行分析的研究在 2005 年后呈现上升趋势，这表明经历多年的城市规划及城市快速发展后，在城市发展过程中也同样遇到了西方同一阶段的问题，同时随着市场经济的发展，越来越多的国内学者通过研究西方城市规划相关理论并将其引入以此来解决中国的问题。

②国内对于新制度经济学的引入研究主要分为两种类型：一种是基于新制度经济学理论开展理论体系的研究，以适应中国发展现实状况；另一种是套用新制度经济学理论来分析问题。然而，受限于新制度经济学理论在论证的过程中需要大量的数据支撑，目前在城市规划领域的较多研究还停留在框架构建、概念转换等阶段。

通过对空间资源再配置的相关研究，即基于社会经济活动的研究与基于具体行为的研究两个方面的分析可以发现，空间是城市规划专业较为擅长的领域，在传统城市规划领域，较少使用资源再配置的提法，更多是从技术的角度研究空间再开发、再利用、更新、改造等。当然，随着城市规划学科体系的不断完善，城市空间资源再配置研究与实践体系不断丰富与完善，为本书的研究提供了启示。

①在城市规划领域，基于资源及再配置的制度经济视角研究城市更新和城市再生问题目前在国内是一个较新的方向，系统性借鉴制度经济的理论工具对全过程进行解释、发现问题。

②在城市规划领域，通过分析空间资源再配置过程中的问题，系统性提出创新工具与应对策略，并以此延伸至新时期城市规划的转型思考，具有重要的理论与实践意义。

综上所述，借鉴新制度经济学理论对城市空间资源再配置进行研究还是城市规划领域比较新的一个方向，需要通过理论梳理对新制度经济学的理论工具进行取舍，同时结合国内研究的情况，将理论应用与案例相结合，提出可供实际应用的政策工具。

2.2.3 研究评述

目前，国内外学者就城市存量土地再开发、资源再配置开展了大量研究。研究发现，现行的城市存量空间资源再开发、再配置特点明显，形成了多样的规划实施模式（包括单层规划、二层规划和三层规划体系）和多元的激励政策（征收补偿、成片改造、强度激励），有效保障了高质量、高品质城市空间的提升。

以上分析表明，存量规划的既有研究视角涉及产权分析、制度分析、治理模式分析及利益博弈分析等，侧重相关主题的成本和收益分析，产权问题、治理途径、数据解释、存量交易的内在逻辑解释等普遍受到了重视。然而，既有研究依然存在可以突破之处：一是基于大量案例的存量规划建设全生命周期的量化分析的数据融合与方法突破，强化分析与研究的客观性、智慧化程度；二是产权分析及制度创新与本土化、地方治理实践的耦合实现，基于已有制度基础，探索地方治理的合理、合法与科学制度成为存量规划创新的关键。

综上所述，本研究在空间治理现代化和完善空间治理体系建设背景下，以城市存量空间资源再配置为主线，具有以下三个方面的关键研究方向。

①数据融合与系统量化耦合。聚焦再配置过程的产权问题，创新采用大数据等新规划研究方法智能、精准识别空间资源再配置效用的影响因子，并构建智能化再配置空间效用评估模型是研究拟解决的关键问题之一。

②数据分析与产权分析耦合。引入产权交易与产权运行来分析挖掘多层次影响因素与多行为主体之间的复杂关系，解译空间资源再配置决策过程，挖掘再配置过程的激励机理，构建产权激励的理论模型，是研究拟解决的关键问题之二。

③产权分析与规划创新耦合。耦合产权运行的激励机理与传统城市更新规划与再开发建设过程，以此构建基于产权运行权生命周期的城市存量空间再开发、再配置的空间治理路径与模式是研究拟解决的关键问题之三。

第 3 章　理论引入:城市空间资源再配置与产权激励

3.1　城市空间资源再配置的问题

3.1.1　城市空间资源再配置的制度制约

在初始配置过程中,主要增值收益为农用地转非农用途所产生的价值剪刀差,地方政府、开发商及被征地农民参与分配。一般来说,初始配置的空间资源总是位于城市边缘地区,由农业区转化而来,其潜在的土地价值非常高,如城郊村,一旦规划得以实施,即使没有任何投入,这些土地资源也会获得远高于农地价格的空间资源,随着城市空间的不断扩张,原本位于边缘区的土地成了城市的中心,导致空间资源的价值增加,见图 3-1。由于空间资源本身价值增加了,势必会造成再开发成本增加,如果没有足够的经济鼓励,城市再开发就会受阻。再配置过程中,主要增值收益为空间资源进行再利用、优化提升所产生的价值差,地方政府、开发商和拆迁居民参与分配。在市场经济条件下,多元主体对于有限的城市空间资源再配置的收益展开利益角逐,并将各种力量之间的博弈反映在城市空间布局中,见图 3-2。

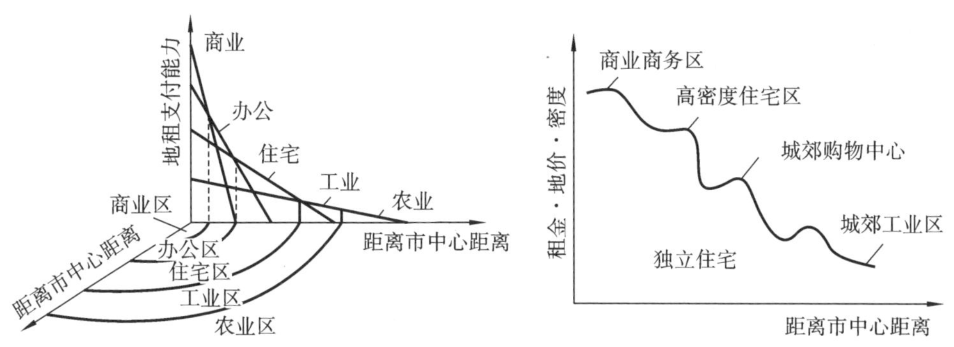

(a)城市土地空间配置的形成　　(b)城市土地布局与地租、地价密度关系

图 3-1　城市空间资源配置

因此,从经济学视角来看,贯穿于城市空间资源配置与再配置过程的博弈就是关于收益分配的利益博弈。从制度经济学视角来看,现行土地制度下所存在的所

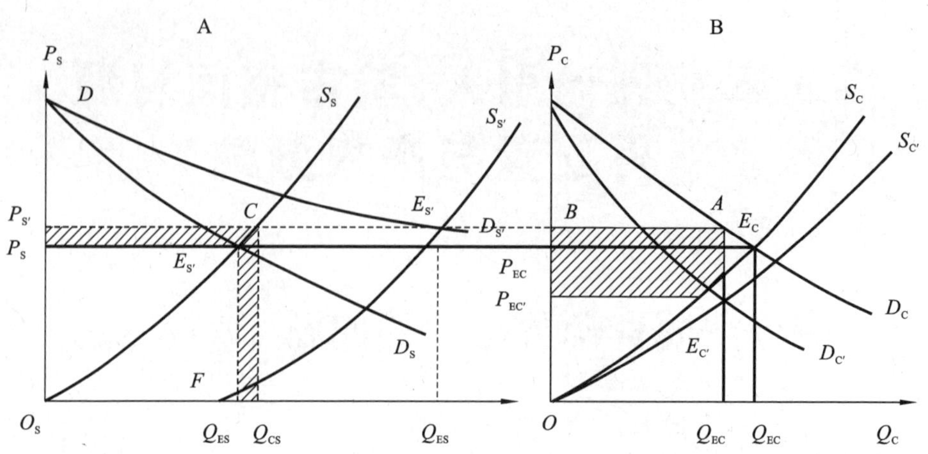

A.国有土地市场	B.集体土地市场
S_S：国有土地供应； D_S：国有土地的需求； Q_S：国有土地的数量； P_S：国有土地价格； E_S：国有土地的均衡价格	S_S：集体土地供应； D_S：集体土地的需求； Q_S：集体土地的数量； P_S：集体土地价格； E_S：集体土地的均衡价格

图 3-2　地方政府通过制度安排在空间资源配置与再配置中获得增值收益的机制

有权主体缺位、产权结构分离、权责不统一、产权关系混乱等问题，都为再配置埋下了隐患。

由于政府在空间资源再配置中具有垄断性，引发了政府在再配置活动中的经济利益驱动性。源于国家所有的土地产权制度，国家作为土地产权人格化的虚设主体，导致了政府纵横体系之间的博弈，直接增加了再配置的管理成本与组织成本，在利益有限的前提下，再增加成本，显然会影响市场主体的积极性。无论是通过划拨还是出让而使用的空间资源，在现行的产权安排下，都不能很好地通过利益激励的方式使得主体参与空间资源再配置过程（图 3-3）。

毫无疑问，城市空间资源再利用与再配置乏力的原因在于制度制约，即不完善的产权安排。清晰的产权安排，将为产权人对自身所拥有的资源价值有比较清晰的判断与未来收益的精准预期。只有在这种精准的判断和预期下，产权人才会有动力在一定制度框架下寻求资源利用的更佳方式，进而促进空间资源利用效率的提升，这是一条最基本的经济学原理。

3.1.2　城市空间资源再配置的利益与权责复杂

城市空间资源再配置的本质就是一系列基于市场契约的产权交易行为，涉及

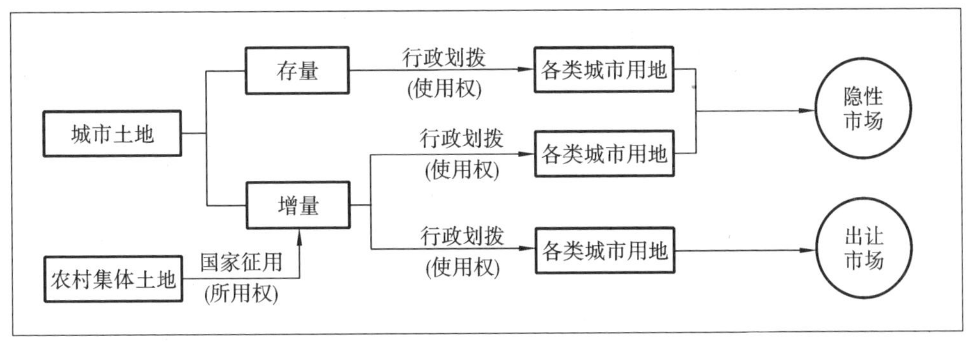

图 3-3　我国土地市场基本模式示意图

城市空间资源产权运行的过程，也是原产权人与投资人之间进行产权让渡和转移的过程，这个过程最大的特点在于涉及多元主体博弈，需要在政府、开发商、产权所有人、公众等利益主体之间寻求平衡。

本研究所探讨的再配置建立在初始配置的产权关系基础之上，其实质在于以城市空间资源利用效用最大化为出发点，对初始配置下的城市空间的使用功能、结构及布局等进行置换升级，尤其是那些需要进行更新重建的逐渐衰败的老城区、工业棚户区、城中村等。通过经济手段、规划工具、设计方法等，进一步挖潜城市空间资源的利用效率及其经济社会效用。

毫无疑问，城市空间资源再配置过程是一个复杂综合的过程，既涉及空间物质形态的重塑，又涉及经济社会及利益格局的调整。相对初始配置过程而言，再配置过程是对城市空间资源的空间效能进一步优化的过程，是对空间资源优化配置与集约利用的升级，更是基于当前城市经济社会发展的规律，对不适宜的区域功能及产业进行更新升级，因此，城市空间资源再配置就需要依据空间资源的价值规律变化，通过不同的方式来盘活低效空间资源，从而实现空间资源产出率提升和产业能级提升的双目标。再配置过程作为一种计划与市场共同作用的挖潜过程，又涉及空间资源的结构性重组，将不可避免地涉及各方权责利益关系的调整和博弈。

本书所研究的城市空间资源再配置的核心是用益物权，着眼城市空间资源的使用价值，其实质就是附着于空间资源的财产权利在不同主体之间的分配，即空间权利的配置，空间权利配置贯穿于城市空间资源的再利用、再配置的全过程。再配置过程以初始配置为基础(初始配置已经完成性质和用途分配，出让或划拨时就已经明确，其权能也进行了清晰的界定)。简而言之，再配置过程就是利用技术再优化与空间权利再配置的双重过程。

改革开放以来，逐步进行的市场经济体制改革，形成多元的利益主体和利益形态，即个人、开发商、地方政府和公共利益，形成了多元化的利益格局。从经济学的视角来看，各利益主体都会有其利益选择偏好，其偏好与其所拥有的要素资本相匹配，不同的利益偏好就产生了不同诉求，不同的诉求就会产生主体之间的摩擦与冲突。因此，城市空间资源再配置政策框架设计首先要明确的问题就是如何协调不同利益主体的关系，以谋求整体利益的最大化。

如图 3-4 所示，以城市空间资源再配置过程为核心，围绕开发主体、产权利益相关人和政府展开，开发主体关注再配置过程中保障核发权益，开发主体需要提供资金、技术和人力来换取发展权益；产权利益相关人关注、保障发展权利的分享，同样，其权利的多寡则取决于产权交易过程中的贡献大小；政府关注如何保障公共利益的实现问题，同时还负责拟定政策、保障系统的运转协调等。以上三个参与主体通过各自权责定位在再配置过程中发挥作用，另外，整个过程会对公众产生积极或消极的影响，同样，公众也会对过程产生影响（表 3-1）。

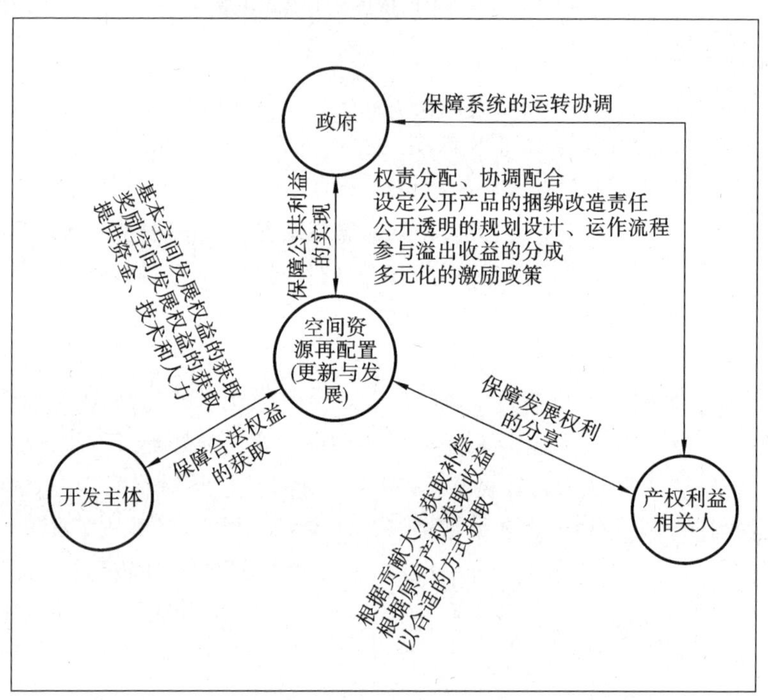

图 3-4 城市空间资源再配置的利益与权责关系图

表 3-1 城市空间资源再配置过程中的角色分析

项目	政府	开发主体	产权利益相关人	公众
角色	决策者和政策干预者	推动与实施者	主动或被动参与者	积极或消极的被影响者
参与方式	规划制定与政策干预	拆迁与再开发	提供居住权	—

续表

项目	政府	开发主体	产权利益相关人	公众
代价	地价减免、容量奖励等	拆迁成本 再开发成本 开发周期不可预期造成的融资风险	临时或永久付出原所在地的使用权（居住权或商业经营权） 可能产生社会冲突风险 拆迁协调风险	受到周边区拆除重建影响 原有社区网络被破坏 原有租户丧失生存空间 原有区域的房价上升
获益	公共项目成本转嫁 增加税收 土地出让金收益 进一步繁荣房地产市场促进固定资产投资推动城市建设 促进重点区域发展	获得土地开发权 通过房地产开发获利	改善居住品质 提升原有物业价值 获取资金补偿	改善城市社会经济环境 获得新的可购买的不动产产权或获取新的就业机会

3.1.3 城市空间资源再配置的诉求多元

经济学研究的主题是资源合理配置利用的问题，涉及“用什么生产”、“如何组织生产”和“为谁生产”三个问题，即资源利用的效率（efficiency）、产品分配的公平（justice）以及经济运行的稳定（stability），因此，如果要使得资源再配置达到最佳状态，需权衡效率、公平、稳定三大诉求。

1. *效率诉求*

（1）资源配置的最优状态——帕累托最优

现代经济学关于资源配置的效率目标，通常采用意大利经济学帕累托（Vilfredo Pareto）提出的帕累托最优原理，即当资源配置达到最优状态时，一部分人改善处境必须以另一部分人处境恶化为代价。帕累托最优的意义可以解释如下：有经济主体 A 和 B，横、纵轴分别代表其福利水平；由于社会资源总量有限，即经济主体 A 和 B 的总福利水平是一个定值——$F_A F_B$，称为福利边界（welfare frontier），福利边界 $F_A F_B$ 内部的任何点所代表的福利水平组合在当前的社会经济条件下都可以实现，如点 P；而福利边界 $F_A F_B$ 外部的任何所代表的福利水平组合在当前的社会经济条件下都无法实现，如点 Q；如果某一种资源配置使得 A 和 B 的福利水平处于 P 点，则这种资源配置方式就是缺乏效率的；继续提高资源配置的效率，则达到 $F_A F_B$ 曲线；然而，在社会一定的福利水平下，资源配置的效率无法再提高，即 Q 点资源配置是无法达到的，除非通过提高科技水平等方式使得福利边界 $F_A F_B$ 曲线提高（图 3-5）。

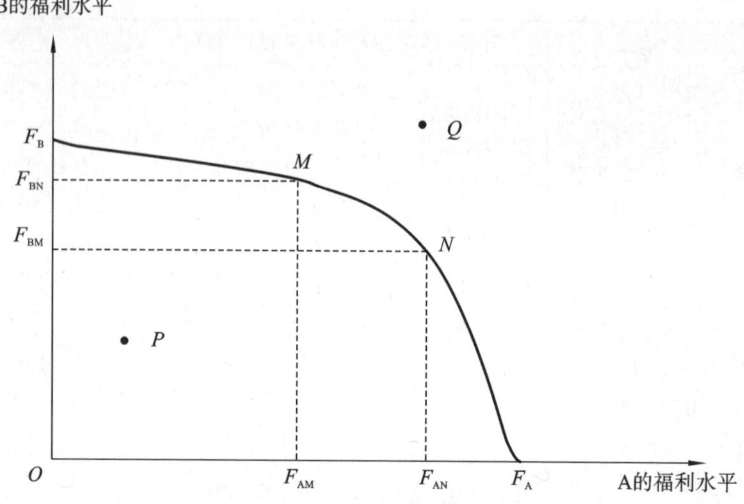

图 3-5　福利边界与帕累托最优

在纯粹市场经济体制下，并不能实现帕累托最优，即经济主体通常会在利润的驱动下产生外部性，使得社会福利水平降低，即市场失灵；在纯粹计划经济体制下，机构重叠、效率低下等问题也会使社会福利水平处于低状态，即政府失灵。实践证明，采用市场机制的基础性资源配置方式，同时，政府对市场机制失灵的种种表现予以适当的纠正，可以大大提高社会福利的总水平。其实，在任何资源配置组合方式下，帕累托最优所表征的福利边界都是一个理想状态，我们能做的就是使得资源配置组合尽可能接近帕累托最优。

(2) 资源配置效率的实现条件——MSR＝MSC

MSR 即产品的边际社会收益(marginal social revenue)，是指每增加一个单位的产品消费所得到的效用或满足程度的增量，MSR＝ΔTSR/ΔQ(TSR，是 total social revenue 的简写，就是在一定消费量下所获得的总效用或总的满足程度，ΔQ 是与 ΔTSR 相对应的产品的增量)；MSC 即产品的边际社会成本(marginal social cost)，就是每多提供一个单位的产品所导致的资源消耗的价值增量，MSC＝ΔTSC/ΔQ(TSC，是 total social cost，就是指为生产一定量该产品所要消耗的全部资源的“价值”，ΔQ 是与 ΔTSC 相对应的产品产量的增量)。

当某产品的净收益最大的时候，该产品就实现了最高效率配置，此时 MSR＝MSC，及 TSR 和 TSC 曲线斜率相等。如图 3-6，随着产量的增加，TSR 和 TSC 曲线随着产品产量的增加而上升，TSR 的增速逐渐变慢，TSC 的增速逐渐变快。因为当人的需求得到满足后，更多的增量并不能带来更大的效用，相反会带来成本的增加。

2. 公平诉求

毫无疑问，仅从效率的角度评价社会经济的运行有失偏颇。因为，当财富过度

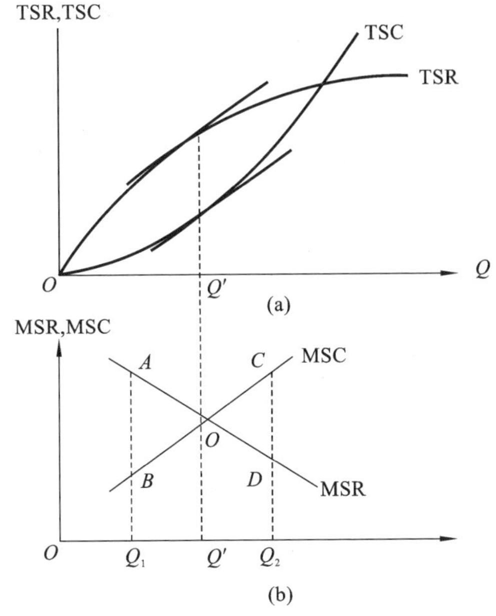

图 3-6　资源配置效率的实现条件

集中的时候，尽管可以无限接近帕累托最优，却将面临分配结果不“正义”的问题。可以作如下设想：一个饥肠辘辘的乞丐从一个富商手中拿走一个馒头，社会总资源没有发生变化，发生的仅是财富的转移，帕累托最优没有改变，但是实际上因为资源的配置趋于公平，社会福利得到了改善。于是，我们不得不考虑判定社会福利水平高低的另一个标准，即资源配置的公平问题。

经济学中常用洛伦兹曲线（Lorenz Curve）和基尼系数（Gini Coefficient）这两个指标来分析资源分配的公平程序（图 3-7）。在图 3-8 中，如果 20%的人掌握 20%的社会财富，40%的人掌握 40%的社会财富……n%的人掌握 n%的社会财富，那么我们说社会财富平均分配于所有家庭，图中正方形的对角线 OE 被称为绝对平等线（line of perfect equality）。然而，这只是一种理想的分配状态，真实的社会运行是无法达到的，社会财富总是存在分配不均的情况，总有一小部分人掌握着过多的财富，于是便形成了向对角线下方倾斜的洛伦兹曲线，越趋近对角线 OE，财富分配越趋于均匀。意大利经济学家基尼（Gini）根据洛伦兹曲线找出了判断分配平等程度的指标，他用 A 来表示图中洛伦兹曲线和对角线围成的图形的面积，用 B 表示洛伦兹曲线与边 OFE 围成的面积，那么 $A/(A+B)$ 就是基尼系数，用基尼系数衡量社会财富的分配情况具有可测性和可比性。

3. 稳定诉求

随着经济规模日益庞大、结构日趋复杂，各种经济主体之间的联系非常紧密，形成了牵一发而动全身的效果，给资源配置提出了新的问题，即如何保证经济系统的安全性和稳定性，使整个经济快速持续地发展。宏观经济的稳定也是资源配置

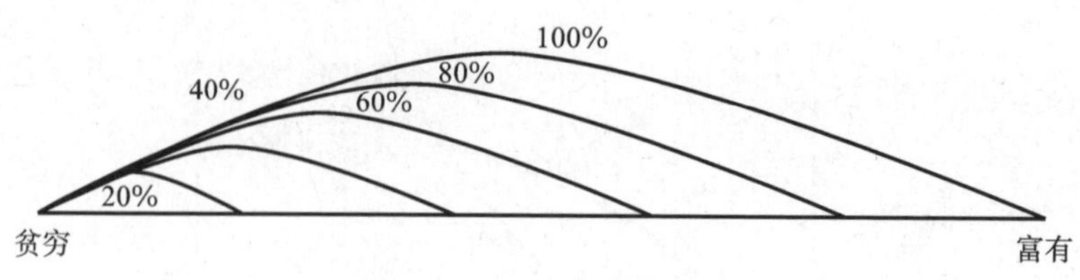

图 3-7　洛伦兹曲线横轴释义

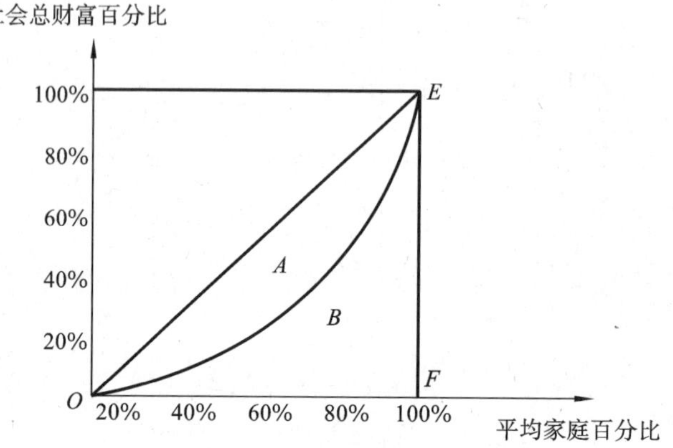

图 3-8　洛伦兹曲线

的另一项重要的要求。在 20 世纪 30 年代世界经济危机爆发之前，亚当·斯密的《国富论》一直是西方各国经济运行的指南。市场机制这只"看不见的手"支配着社会资源从利润率低的部门流向利润率高的部门，政府扮演社会角色。1929 年世界经济危机的爆发动摇了该理论在经济领域长达 200 多年的统治地位。1936 年美国总统罗斯福上台，实行罗斯福新政，其核心在于增加政府支出，同年，凯恩斯发表了他的经典著作《就业、利息和货币通论》，修正了亚当·斯密对市场机制的论述，进而开启了关于究竟是市场主导还是政府主导长久以来的争论。然而，笔者以为，市场和政府配置的方式应该是一个组合拳，而评价这个组合拳优劣的标准除了效率、公平外，还应有一条重要的标准，那就是稳定。

3.2　城市空间资源再配置与产权激励

3.2.1　再配置的本质是产权交易

城市空间资源的产权，实际上就是人围绕城市空间资源所形成的财产权利的关系，这种关系需要以制度和规则的方式进行界定和保护，以此对城市空间资源所

联系的各权益主体及其对城市空间资源所实施的行为进行规范。因此，各空间资源产权主体在进行经济社会活动中需要遵守制度和规则，城市政府通过制度和规则来决定主体占用空间资源的条件与方式，进而影响资源配置溢出结果和资源的收益分配等。

城市空间资源的产权属性主要体现在以下5个方面。①城市空间资源的产权最首要的属性就是它是一种受到法律规范和保护的财产权利。②作为一种财产权利，城市空间资源的产权是城市空间资源在社会经济活动中的"交易对象"，而作为交易对象，其基本属性是通过交易的方式可实现权利的转让。市场参与主体积极投入城市空间资源的市场活动，其主要目的在于获取和让渡那些受法律保护的权利，城市空间资源通过一次次转让，提高利用效率，实现空间资源效用最大化。从交易的角度看，作为城市空间资源的产权需客观存在和可分割性，客观存在和可分割性都是交易可进行的基本前提。③这些客观存在和可分割的财产权利并非一种权利，而是"一组组"、"一束"权利，这就包括了《物权法》所规定的占有、使用、收益和处分等权利。更为重要的是，这些权利通过当前的法律法规进行界定后，可以分离，因此，附加在城市空间资源上的"一组组"权利才能在不同的主体之间进行交易（即配置），进而形成丰富、多元的产权组合方式与结构。④城市空间资源配置的合理性受其产权的排他性影响，因为排他性是产权持有者的经济社会预期与保障，从某种意义上讲，之所以城市空间资源的产权可以进入市场进行交易，其核心在于交易主体受到排他性的吸引，通过交易促进城市空间资源的高效利用。⑤"一组组"权利通过交易实现配置，进而形成了丰富、多元的产权结构，产权结构成为影响其配置效率的关键所在，不同的产权结构就像小区不同的"户型"一样，它是影响市场主体选择交易的关键因素，不同的"户型"意味着不同的功能组合、不同的日常采光与通风条件，购房者会对这些因素进行详细的比选。假定一个小区所有的户型都是购房者理想的户型，那么可想而知，这个小区将会在最短的时间内完成销售，销售过程产生的交易成本就是最小的，效率也是最高的。同样地，不同资源的产权结构也会对城市空间资源再配置的效率产生积极或消极的影响，其影响的因素在本章后面的内容中进行说明。

3.2.2　基于产权交易的产权运行

空间资源再配置过程的实质就是产权交易，产权经过系列产权交易并形成新的产权结构与产权关系，即产权运行。产权交易是城市空间资源再配置过程中的一个个行为和动作，而产权运行则是城市空间资源再配置的完整过程。

基于再配置视角的产权交易就是各市场主体通过市场经济行为获取和让渡那些受法律保护的城市空间资源的"一组组"或"一束"权利。从新制度经济学的理论框架上看，产权运行主要有三个方面，即产权界定、产权安排与产权经营。这三个方面也是影响产权运行与产权交易的核心要素。

①产权界定。城市空间资源的产权界定与其他产权的界定并无二致，主要是运用法律的手段、严格按照规范对产权的归属情况进行界定。按照科斯的观点，在交易成本为正的现实经济世界中，产权界定的不同会导致不同的资源配置效率。

②产权安排。产权界定就明确界定了产权的权属问题，而明确的权属并不能必然促发产权市场化交易行为，因为在现代城市发展中，产权的界定已经相对明确，而产权交易行为并不一定发生在清晰的产权界定之后，其原因在于只明确了产权运行的主体，而没有明确运行方式，即新制度经济学所指的产权安排。这里所指的产权安排就是交易方式的安排，通过一种或多种交易方式的组合进行市场交易。从理论上来说，产权安排分为三种，即市场、企业和政府。每一种安排方式又可以细分，在现实市场经济活动中都是基于三种方式的组合，而不同方式所占的比重在不同国家体制与制度安排下有所不同。在西方国家，主要通过市场和企业进行产权安排，在中国，也经历了从政府安排逐步过渡到政府安排、市场和企业的混合模式。

③产权经营。产权经营实际是产权运行的实际操作过程，其核心在于产权交易。所谓产权经营，是指产权主体按照既定的产权安排，通过等价交换的原则，按照一定的法律依据，对其所“占有”的产权进行有偿转让或买卖。产权经营的形式主要有两种：一种是自己拥有独立财产的法人，并由自己来经营其合法享有的财产，或者在经营和运用自己财产的同时，接受其他财产所有者的委托，代理其经营该资产，以及借入他人资产进行经营；另一种是自己并不具有独立财产，但可以按法律程序接受一个或数个财产所有者的委托而建立法人机构，代理经营由财产所有者委托其经营的资产。

综上所述，一个完整的产权运行过程包括产权界定、产权安排和产权经营三个方面：产权界定是前提，产权界定清晰与否将直接影响到产权运行效率；产权安排是产权运行的关键，只有合适的产权安排，才能从一定程度上降低交易成本，进而减少产权运行的难度，提升配置效率；产权经营是“落脚点”，无论是产权界定还是产权安排，都为产权经营提供了基础条件，如果产权经营不善，产权界定再清晰、产权安排再恰当也无济于事，不但不能实现空间资源配置效率最优，反而可能使资源配置低效或无效。可见，产权运行是多个方面的有机结合。

3.2.3 产权制度下的产权交易与产权运行

随着城市由高速度增长向高质量发展的转变，有城市在新一轮总体规划编制中提出了建设用地零增长甚至是负增长的目标，直接导致了城市可供开发的建设用地日益稀缺。随着经济结构的转型发展，地方政府通过土地出让获取巨额增值收益的时代将一去不复返，而在用地缓增长甚至是零增长的政策背景下，通过改变

城市空间资源的产权结构、进行重新组合，及对空间资源的产权规模进行重新划分、化整为零，甚至可以通过改变产权的形态，从而激励市场交易行为。城市空间资源的再配置无疑将是新时期的一个最佳选择，只有内生变化，才能激励政府、资本市场及产权人公平公正、高效、主动地参与新一轮城市空间资源产权交易。

显然，在已存的产权结构下进行调整是“有限的”“稀缺的”，新一轮的城市空间资源配置过程对空间资源的争夺将会更加厉害。资本的逐利本性必然要求最大化利用稀缺的空间资源，它会通过市场资本运作方式，如参股、并购、合资及协作等，参与城市空间资源再配置过程，以实现其利益最大化；产权人利用手中产权的稀缺性与排他性价值，加之城市空间资源的分散性与多元化特征，产权人得以“坐地起价”。政府既要协调市场资本与产权人的利益，又要通过制度管治的方式来约束、规范空间资源的再配置行为，尽量在资源再配置博弈中争取更多的公共利益。

3.2.4　产权激励的介入

城市空间资源再配置的关键在于产权交易，产权交易从经济学上讲属于产权运行的一个“行为”和“动作”，城市空间资源再配置的问题也是产权运行的问题（图3-9）。在交易成本不为零的现实世界中，产权对城市空间资源再配置效率产生影响，影响程度的表征是交易成本，即交易成本越小，产权运行效率越高，获得的总效用会越大；交易成本越大，产权运行效率越低。总之，交易成本消耗效用增加，产权交易人获得的总效用就会减少。

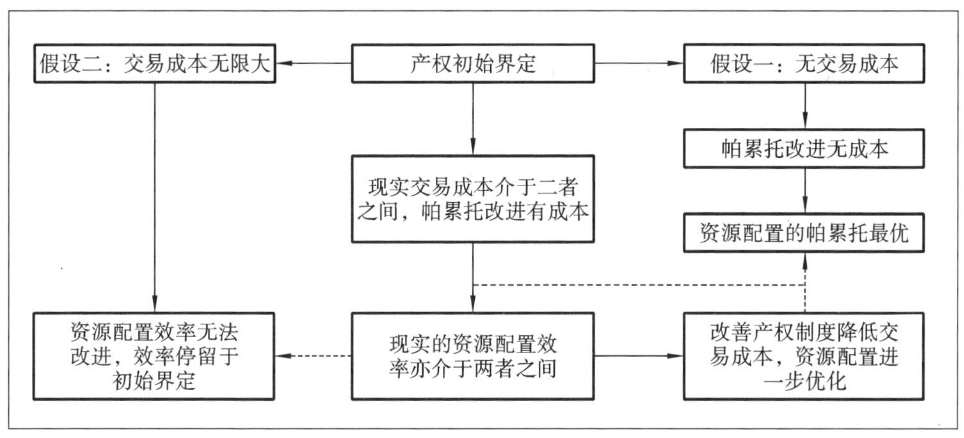

图 3-9　产权、交易成本与资源配置逻辑关系图

虽然产权运行效率高低的表现方式在于交易成本，但影响交易成本的真正原因在于产权。从新制度经济学角度，产权运行的帕累托最优形成的关键在于建立一种高效的产权运行制度，以保护人们“受保护的利益”——产权，而“产权的一个主要功能是引导人们实现将外部性较大地转变为内在化的激励”。

这其中引出了一个关键概念，即产权激励。所谓产权激励，就是通过一定的产权界定、产权安排与产权经营制度，以确保产权明晰、方式合理和经营有序，从而实现城市空间资源配置的高效运行。

从城市空间资源配置的角度来看，传统以政府主导的产权安排方式会导致收益固化、动力不足等问题，例如城市旧城区进行空间更新时，如果按照规划指标进行管控将会出现无利可图的现象，进而影响市场配置空间资源的积极性。而从新制度经济学的角度看，通过清晰的产权界定、多元化的产权安排及积极的产权运营制度，有利于提高资源配置效率。登姆塞茨指出：通过产权制度清晰界定在产权运行过程人们如何受益与受损，以分割与权益界定明晰人们对稀缺空间资源配置的权利，并在一定产权安排下，激励主体更有效地经营城市空间资源，最大限度地使配置过程的外部性内在化，提高产权运行的效率，这就是产权激励。

产权激励的形成源于对交易成本的克服与促进效用的提升，以帮助市场主体消除在城市空间资源再配置过程中对于效用预期的不确定性，使得各主体能够更加公平、有效地享有再配置带来经济社会效用——收益。从本质上来看，就是将市场主体专门的资源在供给侧的独特性转化为以利润和公共利益等变量为表征的经济社会收益。因此，源于产权交易与产权运行的产权激励是提升各主体参与城市空间资源再配置积极性的根本动力。

3.3 城市空间资源再配置中引入产权激励的理论解释

3.3.1 产权激励机理：激励途径的理论推演

按科斯定理，在正交易成本的现实世界里，产权制度对其运行效率产生影响（张五常，1988），产权运行过程中所消耗的成本与它所带来收益之间的比较成为影响资源配置效率的关键，通过制度安排降低产权运行（包括产权界定、产权安排和产权经营）过程的交易成本及增加运行收益，实现城市空间资源的最优配给。

城市空间资源再配置的最优配给就是实现产权运行中的效率最优或帕累托最优，需对其资源耗费的成本与收益进行比较，假定交易活动可计量，并假定产权运行的成本包括界定成本（主要指界定产权的各项成本支出）、安排成本（主要指一项产权方式的成本支出）和经营成本（主要指产权经营交易实际操作的成本支出，包括转让或买卖的成本支出），其他具体细项略而不计，见图 3-10。

如图所示，横轴所示的为产权运行的交易量，纵轴所示的为产权运行的成本与收益，T_V 和 T_C 分别表示产权运行的收益曲线和成本曲线。一般而言，在特定的产

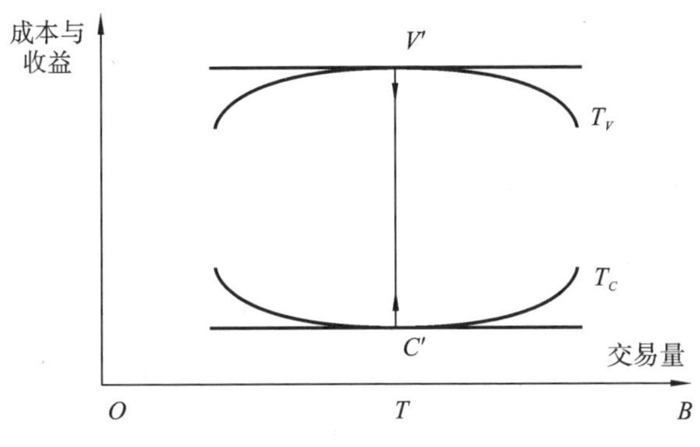

图 3-10　产权运行的经济学分析

权界定与产权安排下，随着交易量的增加，T_V 曲线呈现上升趋势，表明交易量与收益呈正相关。随着交易量的继续增加，收益将达到最大点 $T_{V'}$。然而，现实世界里，收益总是无法达到最大点，因为产权运行存在交易成本，总的交易成本也会随着交易量的增加而增加，当 T_V 和 T_C 曲线的斜率 C'和 V'相等时，此时净收益最大。单位交易成本所实现的有效收益就是产权运行的资源配置效率，可以简化为以下公式：

$$资源配置效率=\frac{产权运行收益-交易成本}{交易成本} \tag{3-1}$$

值得指出的是，上述公式抽象掉了生产成本，即假定生产成本为零。在这一假定条件下，得出产权运行与资源配置效率具有如下关系。

①交易成本的高低与资源配置效率成反比。交易成本高，则资源配置效率就低；交易成本低，则资源配置效率就高。

②产权运行收益与资源配置效率成正比。假定交易成本一定，产权运行收益越高，则资源配置效率就越好。

③当产权收益与交易成本同时变动时，资源配置效率的大小就取决于两者的对比关系。若产权收益提高的幅度大于交易成本提高的幅度，则资源配置效率有所提高；反之，则资源配置效率下降，或效率为负。

④当产权收益完全等于交易成本时，资源配置效率为零，说明产权运行无效。

将生产成本因素加到上述公式中去，资源配置效率将发生变化，用公式表示就是：

$$资源配置效率=\frac{产权运行收益-(生产成本+交易成本)}{生产成本+交易成本} \tag{3-2}$$

式(3-2)表明：

①在收益和生产成本一定的条件下，交易成本与资源配置效率呈负相关；

②在收益一定的条件下，生产成本、交易成本与资源配置效率呈负相关，哪一个量大，则其负面影响更大，反之亦然。

③在收益一定的条件下，生产成本与交易成本呈现升降反向的状况，则会出现三种情况：第一种情况，交易成本下降幅度等于生产成本上升幅度，则资源配置效率保持不变；第二种情况，交易成本下降幅度大于生产成本上升幅度，则资源配置效率提高；第三种情况，交易成本下降幅度小于生产成本上升幅度，则资源配置效率降低。

④假设生产成本和交易成本既定，则产权运行收益与资源配置效率成正比。产权运行收益越好，资源配置效率则越高；反之，资源配置效率下降。

由式(3-2)可知，如果不考虑生产成本，则交易成本对资源配置效率起至关重要的作用。如果把生产成本也考虑进来，那么交易成本的变动对资源配置效率的影响也是相当重要的。据诺斯推测，在美国，1970 年交易成本构成美国国民生产总值的 45%；在中国香港，张五常教授估计交易成本占国民生产总值的 80%（卢现祥，2003）。显然，通过产权运行降低交易成本对资源配置效率影响很大。

需要指出的是，式(3-1)中抽象掉了生产成本这一项，即假定生产成本为零，得出产权运行与效率的关系：①交易成本、运行收益与产权运行的效率成正比；②当产权收益与交易成本同时变动时，产权运行效率高低取决于两者的对比关系。在不考虑生产成本变化的情况下，通过提高产权运行收益、降低交易成本来提升效率就是产权激励的两种途径。

3.3.2 产权激励效用："交易成本"降低与"综合效益"增加的理论推演

按照科斯定理，城市空间资源配置通过在企业、市场及政府三种组织方式中进行选择或组合，然而作为市场经济的主要经济体，三者都具有各自的利益诉求（各自内部也会存在不同的利益诉求），无论是跨经济体还是在各自组织体系内部，都存在摩擦，这些摩擦就是资源配置中的交易成本，而制度存在的必要性就是尽量减少这些不必要的交易成本，从而提升资源配置效率。

制度创新存在的意义在于减少"因原制度而产生的交易成本"。从一般经济规律而言，当一种制度逐渐变得不适应经济社会环境时，由其所产生的交易成本将会增加，而随着交易成本的增加，各经济主体都会产生节约交易成本的行动。情形之一就是减少交易量从而减少交易成本，情形之二就是增加交易量，通过量的增加而实现规模经济，情形三就是通过改变交易的制度以减少交易成本。很显然，第三种方式才从根本上改变了交易成本。

假定一项改革 Q，如图 3-11 所示，RC 为改革所需的成本，图 3-11(a)中的黑粗线为该项改革的社会成本约束，RC_e 和 Q_e 为该项改革的初始禀赋，即花费成本 RC_e 来实施程度为 Q_e 的改革，从图 3-11(a)中可以看出，实施改革的成本的变迁将会使得成本约束绕 E 点旋转，而当 E 点存在着转弯，则会导致改革的成本过大而无法

实施。如图3-11(b)所示，越是巨大的交易成本或改革成本(可变的和固定的)，就越可能在无交易点达到均衡，从而使得制度无法变迁。

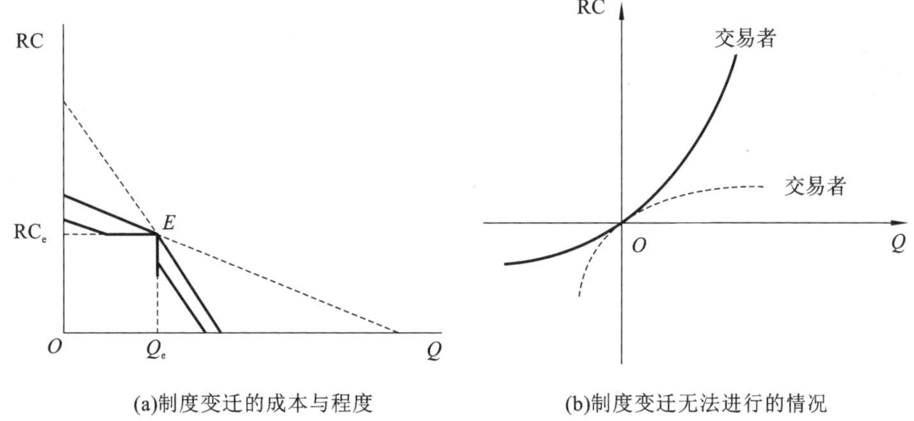

(a)制度变迁的成本与程度　　(b)制度变迁无法进行的情况

图3-11　改革成本与交易量的关系

从以上分析可以看出，制度创新或改革推进是为了节约交易成本，改变经济人的行为模式，增加社会效益。而作为减少交易成本的制度创新，又可根据政府治理理念的选择将其分为两类：一类是以惩罚过失为目标，另一类是以奖励正当行为为目标。这是制定"游戏规则"的前提条件。根据十八届三中全会所提出的"使市场在资源配置中起决定性作用"的论断，本书认为应以奖励正当行为作为制度创新与社会运行的基本理念，从而通过制度创新，从正面引导、降低交易成本。

按照新制度经济学的"委托—代理"理论，在一个稳定的经济体制下，委托人(政府)总是希望通过较小的交易成本激励或吸引代理人提供某一行动(汪洪涛，2003)。按照Hart和Homstrom(1987)假设的条件，代理人只有"最好的"行动b和"另一"行动a两种选择。它们带来的成本可用C_a和C_b表示，π_{ia}和π_{ib}是这两类行动的产出的概率分布。

$$V = \max \sum_{i=1}^{n} \pi_{ib}(X_i - S_i) \tag{3-3}$$

若约束条件是：

$$\sum_{i=1}^{n} \pi_{ib} u(S_i) - C_b \geqslant 0 \tag{3-4}$$

$$\sum_{i=1}^{n} \pi_{ib} u(S_i) - C_b \geqslant \sum_{i=1}^{n} \pi_{ia} u(S_i) - C_a \tag{3-5}$$

式中，S_i表示最优激励方案。

式(3-4)是约束条件，为便于计算，在此处假设其他行动中的最高效用水平为0。式(3-5)是激励一致性约束，是指委托人想要激励的行动的效用应大于等于"另一"行动的效用。

接下来，借用包络定理对以惩罚过失理念下的规则与奖励正当行为理念的规则所产生的交易成本进行比较。通过拉格朗日公式，可得如下公式：

$$\xi=\sum_{i=1}^{n}\pi_{ib}(X_i-S_i)-\lambda[C_b-\sum_{i=1}^{n}\pi_{ib}u(S_i)]-\mu[C_b-C_a-\sum_{i=1}^{n}\mu(S_i)(\pi_{ib}-\pi_{ia})] \tag{3-6}$$

对C_a和C_b进行微分，得

$$\frac{\partial V}{\partial C_a}=\mu \tag{3-7}$$

$$\frac{\partial V}{\partial C_b}=-(\lambda+\mu) \tag{3-8}$$

从包络定理可以看出，假设委托人通过激励的规则去鼓励代理人会比采取惩罚的规则更有效，使“最好的”行动在两个方面有利于吸引委托人：它可以使参与和激励的约束作用减轻。

一个“代理人”的行为将会对“其他代理人”产生影响，从而影响其行动选择的概率分布。通过式(3-9)和式(3-10)对委托人效益扰动$d\pi_{ia}$和$d\pi_{ib}$的边际影响进行分析：

$$dV=\sum_{i=1}^{n}(X_i-S_i)d\pi_{ib}+(\lambda+\mu)\sum_{i=1}^{n}\mu(S_i)d\pi_{ib} \tag{3-9}$$

$$dV=-\mu\sum_{i=1}^{n}\mu(S_i)d\pi_{ia} \tag{3-10}$$

根据式(3-10)，使“另一”行动的预期效用更不受欢迎的π_{ia}上的任何变化，比如说一个平均保留收益，都会对委托人产生有利的影响。

委托人偏好行为的概率分布变化使对委托人的净支付不变。那么，式(3-9)中的第一项将消失，可知，代理人与委托人是利益共同体，因为只有代理人的情况变好时，委托人的情况才会更好。

通过以上理论推演分析，可以得出，通过制度创新，激励代理人的行为，推动城市空间资源再配置的政策创新，可以大大降低交易成本、促进效益增加，进而更优、更好地实现资源配置。

3.4 城市空间资源再配置的产权激励效用评价模型构建

产权激励作为城市空间资源再配置过程中的政策工具，需在政策执行中对政策工具进行选择与评价，本书构建了基于“成本”与“效益”分析模型，对产权激励的政策工具是否具有价值或可行性进行经济分析。

3.4.1 基于“交易成本”与“综合效益”的二维评价

在某一项城市空间资源再配置过程中，假设使用某项产权激励政策工具 Q，TC 为政策工具 Q 实施前的交易成本（该式中抽象掉了生产成本），TC' 为 Q 实施后的交易成本；TR 为 Q 实施前的综合效益（等于前文所指的“产权运行收益”），TR' 为 Q 实施后的综合效益。

按照前文所指，对产权激励政策工具是否具有可行性的评价可以分为两个维度展开：一是政策实施前后的交易成本大小对比，即 TC 与 TC'；二是政策实施前后的综合效益大小对比，即 TR 与 TR'。因此，本书将该评价分为两个模型，即交易成本评价模型与综合效益评价模型。

如图 3-12 所示，关于产权激励政策工具的评价分为三个阶段：第一阶段是评价因子征询与指标选择，该阶段主要通过查阅文献、征询专家意见，分别构建城市空间资源再配置中的交易成本和综合效益评价的指标体系；第二阶段主要为指标权量及评价模型建立，并构建政策工具评价的矩阵决策模型；第三阶段是指评价模型应用，选取案例，获取相应的数据，并对政策工具效用进行评价。

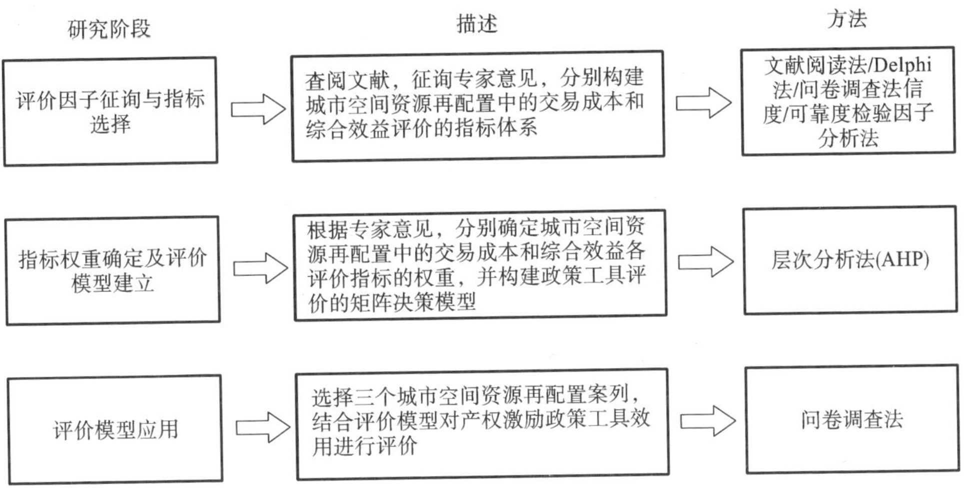

图 3-12 城市空间资源再配置的产权激励政策工具效用评价流程及方法

3.4.2 交易成本维度

1. 交易成本指标选取及含义

城市空间资源再配置中的交易活动是人与人之间进行交往的活动，既包括经济交易，又包括社会交易，如信息搜集、行政审批、协商谈判和制度管理等。目前，关于城市更新所涉及的资源再配置仍处于探索阶段，不同城市的流程体系不一，并未建立完善、标准、统一的更新程序。深圳是我国城市更新发展较为完善的城市，在广东省"三旧"改造政策的指导下，深圳先后颁布了《深圳城市更新办法》、《深圳城市更新办法实施细则》等涉及城市空间资源再利用的纲领性文件。本书在对交易活动的梳理过程中主要参考深圳经验，并借鉴国内其他城市的做法，主要分为更新启动、规划编制、产权交易与报批和更新完成四大阶段，并结合长沙市"多规合一"开展，系统梳理了城市建设项目的流程（涉及 17 个审批部门、69 个行政审批事项、11 个中介服务事项），分别调研了 10 位长期在规划及建设项目管理的政府工作人员（含长沙市城市更新办工作人员）、10 位开发企业项目经理、10 位城市建设项目报建人员，通过调研访谈并征询了行业专家意见，将交易活动细分为以下四个阶段，主要内容如下。

①更新启动阶段。该阶段主要是为更新工作做准备，涉及的交易活动有信息搜集、项目评估、初步方案拟定、产权人意愿征集、意愿表达及相关材料的准备（意见搜集）、意愿表达及相关材料准备（决策过程）、寻找项目合作方、物业权属核查、物业权属核查材料准备、实施主体申请材料的准备、计划申报材料的准备、计划申报材料的审核。该过程完成后，则实现了更新启动，并经市（县）政府批复。

②规划编制阶段。该阶段主要是编制更新规划，涉及的交易活动包括寻找规划机构、单元规划制定计划审议并公示（审查过程）、单元规划制定计划审议并公示（决策过程）、编制单元规划方案、单元规划方案审核、单元规划审议并公示（审查过程）、单元规划审议并公示（决策过程）。该过程完成后，形成更新规划方案。

③产权交易与报批阶段。该阶段为再配置的关键过程，涉及利益再配置的博弈过程非常复杂，主要包括制定拆赔方案，拆赔协议谈判（信息搜集），拆赔协议谈判（决策过程），拆迁协议谈判，签订拆迁补偿协议（信息搜集），签订拆迁补偿协议（决策过程），形成单一实施主体，单一实施主体审批核准，寻找设计机构，编制建筑、景观及工程方案，建筑、景观及工程方案报批，建筑、景观及工程方案审查。

④更新完成阶段。该阶段主要为工程实施及实施完成后的产权再配置，主要包括政府或委托第三方机构对建设情况的监管、竣工验收申请材料准备、竣工验收审核、产权交易（产权买卖）、办理产权证。

表 3-2 为城市空间资源再配置的交易活动阶段划分。

表 3-2　城市空间资源再配置的交易活动阶段划分

序号	交易阶段	交易活动	编码
1	更新启动阶段	信息收集	Var001
2		项目评估	Var002
3		初步方案拟定	Var003
4		产权人意愿征集	Var004

续表

序号	交易阶段	交易活动	编码
5	更新启动阶段	意愿表达及相关材料的准备(意见搜集)	Var005
6		意愿表达及相关材料的准备(决策过程)	Var006
7		寻找项目合作方	Var007
8		物业权属核查	Var008
9		物业权属核查材料准备	Var009
10		实施主体申请材料的准备	Var010
11		计划申报材料的准备	Var011
12		计划申报材料的审核	Var012
13	规划编制阶段	寻找规划机构	Var013
14		单元规划制定计划审议并公示(审查过程)	Var014
15		单元规划制定计划审议并公示(决策过程)	Var015
16		编制单元规划方案	Var016
17		单元规划方案审核	Var017
18		单元规划审议并公示(审查过程)	Var018
19		单元规划审议并公示(决策过程)	Var019
20	产权交易与报批阶段	制定实施方案	Var020
21		制定拆赔方案	Var021
22		拆赔协议谈判(信息搜集)	Var022
23		拆赔协议谈判(决策过程)	Var023
24		拆迁协议谈判	Var024
25		签订拆迁补偿协议(信息搜集)	Var025
26		签订拆迁补偿协议(决策过程)	Var026
27		形成单一实施主体	Var027
28		单一实施主体审批核准	Var028
29		寻找设计机构	Var029
30		编制建筑、景观及工程方案	Var030
31		建筑、景观及工程方案报批	Var031
32		建筑、景观及工程方案审查	Var032

续表

序号	交易阶段	交易活动	编码
33	更新完成阶段	政府或委托第三方机构对建设情况的监管	Var033
34		竣工验收申请材料准备	Var034
35		竣工验收审核	Var035
36		产权交易(产权买卖)	Var036
37		办理产权证	Var037

通过梳理交易活动类型，分析影响因素，认为交易活动相关方在进行交易时所发生的消耗包括搜寻交易对象的成本、告知交易条件的成本、协商或谈判的成本、监督成本(忽略该过程中所应用的相关法律、规范及政策制定的系列制度建设成本)。交易成本的表现方式为金钱、时间和精力等，见表 3-3。

表 3-3 城市空间资源再配置全过程交易成本分类表

交易阶段	交易活动	编码	交易成本	成本分类
更新启动阶段	信息收集	Var001	信息搜集费用	信息成本
	项目评估	Var002	会议决策费用	决策成本
	初步方案拟定	Var003	材料编制费用	计划成本
	产权人意愿征集	Var004	意见搜集费用	搜寻成本
	意愿表达及相关材料的准备(意见搜集)	Var005	信息搜集费用	搜寻成本
	意愿表达及相关材料的准备(决策过程)	Var006	决策费用	决策费用
	寻找项目合作方	Var007	合作方搜寻费用	搜寻成本
	物业权属核查	Var008	信息核查费用	信息成本
	物业权属核查材料准备	Var009	材料编制费用	计划成本
	实施主体申请材料的准备	Var010	材料编制费用	计划成本
	计划申报材料的准备	Var011	材料编制费用	计划成本
	计划申报材料的审核	Var012	审查费用	审查成本
规划编制阶段	寻找规划机构	Var013	合作方搜寻费用	搜寻成本
	单元规划制定计划审议并公示(审查过程)	Var014	审查费用	审查成本
	单元规划制定计划审议并公示(决策过程)	Var015	会议决策费用	决策成本
	编制单元规划方案	Var016	材料编制费用	计划成本
	单元规划方案审核	Var017	审查费用	审查成本
	单元规划审议并公示(审查过程)	Var018	审查费用	审查成本
	单元规划审议并公示(决策过程)	Var019	会议决策费用	决策成本

续表

交易阶段	交易活动	编码	交易成本	成本分类
产权交易与报批阶段	制定实施方案	Var020	材料编制费用	计划成本
	制定拆赔方案	Var021	会议决策费用	决策成本
	拆赔协议谈判(信息搜集)	Var022	意见搜集费用	搜寻成本
	拆赔协议谈判(决策过程)	Var023	谈判费用	协商成本
	拆迁协议谈判	Var024	谈判费用	协商成本
	签订拆迁补偿协议(信息搜集)	Var025	信息搜集费用	信息成本
	签订拆迁补偿协议(决策过程)	Var026	决策费用	决策成本
	形成单一实施主体	Var027	预支赔偿费用	决策成本
	单一实施主体审批核准	Var028	决策费用	决策成本
	寻找设计机构	Var029	合作方搜寻费用	搜寻成本
	编制建筑、景观及工程方案	Var030	材料编制费用	计划成本
	建筑、景观及工程方案报批	Var031	会议决策费用	决策成本
	建筑、景观及工程方案审查	Var032	会议决策费用	决策成本
更新完成阶段	政府或委托第三方机构对建设情况的监管	Var033	决策费用	决策成本
	竣工验收申请材料准	Var034	材料编制费用	计划成本
	竣工验收审核	Var035	决策费用	决策成本
	产权交易(产权买卖)	Var036	决策费用	决策成本
	办理产权证	Var037	决策费用	决策成本

注：以上根据已有研究成果及调研访谈与专家征询意见梳理，有部分疏漏。

2. 交易成本的评价方法与分析

对于搜寻交易对象的成本、告知交易条件的成本、协商或谈判的成本、监督成本等变量，参考洪名勇教授关于土地承包经营权流转研究中的调查问卷方法，采用 Likert Ccale 五点尺寸法将答案选项设置为“很少”、“比较少”、“一般”、“比较多”、“很多”，并分别配以 5 分、4 分、3 分、2 分、1 分的分值，见表 3-4。

表 3-4 城市空间资源再配置全过程交易成本及打分方式

序号	交易阶段	交易活动	变量定义
1	更新启动阶段	信息收集	“很少”=1;“比较少”=2;“一般”=3;“比较多”=4;“很多”=5
2		项目评估	“很少”=1;“比较少”=2;“一般”=3;“比较多”=4;“很多”=5

续表

序号	交易阶段	交易活动	变量定义
3	更新启动阶段	初步方案拟定	“很少”=1；“比较少”=2；“一般”=3；“比较多”=4；“很多”=5
4		产权人意愿征集	“很少”=1；“比较少”=2；“一般”=3；“比较多”=4；“很多”=5
5		意愿表达及相关材料的准备(意见搜集)	“很少”=1；“比较少”=2；“一般”=3；“比较多”=4；“很多”=5
6		意愿表达及相关材料的准备(决策过程)	“很少”=1；“比较少”=2；“一般”=3；“比较多”=4；“很多”=5
7		寻找项目合作方	“很少”=1；“比较少”=2；“一般”=3；“比较多”=4；“很多”=5
8		物业权属核查	“很少”=1；“比较少”=2；“一般”=3；“比较多”=4；“很多”=5
9		物业权属核查材料准备	“很少”=1；“比较少”=2；“一般”=3；“比较多”=4；“很多”=5
10		实施主体申请材料的准备	“很少”=1；“比较少”=2；“一般”=3；“比较多”=4；“很多”=5
11		计划申报材料的准备	“很少”=1；“比较少”=2；“一般”=3；“比较多”=4；“很多”=5
12		计划申报材料的审核	“很少”=1；“比较少”=2；“一般”=3；“比较多”=4；“很多”=5
13	规划编制阶段	寻找规划机构	“很少”=1；“比较少”=2；“一般”=3；“比较多”=4；“很多”=5
14		单元规划制定计划审议并公示(审查过程)	“很少”=1；“比较少”=2；“一般”=3；“比较多”=4；“很多”=5
15		单元规划制定计划审议并公示(决策过程)	“很少”=1；“比较少”=2；“一般”=3；“比较多”=4；“很多”=5
16		编制单元规划方案	“很少”=1；“比较少”=2；“一般”=3；“比较多”=4；“很多”=5
17		单元规划方案审核	“很少”=1；“比较少”=2；“一般”=3；“比较多”=4；“很多”=5
18		单元规划审议并公示(审查过程)	“很少”=1；“比较少”=2；“一般”=3；“比较多”=4；“很多”=5
19		单元规划审议并公示(决策过程)	“很少”=1；“比较少”=2；“一般”=3；“比较多”=4；“很多”=5

续表

序号	交易阶段	交易活动	变量定义
20	产权交易与报批阶段	制定实施方案	“很少”=1;“比较少”=2;“一般”=3;“比较多”=4;“很多”=5
21		制定拆赔方案	“很少”=1;“比较少”=2;“一般”=3;“比较多”=4;“很多”=5
22		拆赔协议谈判(信息搜集)	“很少”=1;“比较少”=2;“一般”=3;“比较多”=4;“很多”=5
23		拆赔协议谈判(决策过程)	“很少”=1;“比较少”=2;“一般”=3;“比较多”=4;“很多”=5
24		拆迁协议谈判	“很少”=1;“比较少”=2;“一般”=3;“比较多”=4;“很多”=5
25		签订拆迁补偿协议(信息搜集)	“很少”=1;“比较少”=2;“一般”=3;“比较多”=4;“很多”=5
26		签订拆迁补偿协议(决策过程)	“很少”=1;“比较少”=2;“一般”=3;“比较多”=4;“很多”=5
27		形成单一实施主体	“很少”=1;“比较少”=2;“一般”=3;“比较多”=4;“很多”=5
28		单一实施主体审批核准	“很少”=1;“比较少”=2;“一般”=3;“比较多”=4;“很多”=5
29		寻找设计机构	“很少”=1;“比较少”=2;“一般”=3;“比较多”=4;“很多”=5
30		编制建筑、景观及工程方案	“很少”=1;“比较少”=2;“一般”=3;“比较多”=4;“很多”=5
31		建筑、景观及工程方案报批	“很少”=1;“比较少”=2;“一般”=3;“比较多”=4;“很多”=5
32		建筑、景观及工程方案审查	“很少”=1;“比较少”=2;“一般”=3;“比较多”=4;“很多”=5
33	更新完成阶段	政府或委托第三方机构对建设情况的监管	“很少”=1;“比较少”=2;“一般”=3;“比较多”=4;“很多”=5
34		竣工验收申请材料准备	“很少”=1;“比较少”=2;“一般”=3;“比较多”=4;“很多”=5

续表

序号	交易阶段	交易活动	变量定义
35	更新完成阶段	竣工验收审核	“很少”=1;“比较少”=2;“一般”=3;“比较多”=4;“很多”=5
36		产权交易(产权买卖)	“很少”=1;“比较少”=2;“一般”=3;“比较多”=4;“很多”=5
37		办理产权证	“很少”=1;“比较少”=2;“一般”=3;“比较多”=4;“很多”=5

在上述方法的基础上，采用实地调研访问产权激励政策工具所涉及人员，如当地居民、政府人员、开发商、报建人员和设计师等，获得他们对于交易活动中所产生成本的衡量值，并采用均值法来求得城市空间资源再配置中的交易活动的各项成本，并且将各项成本累加得到总成本，即交易成本。具体公式如下：

$$X_i = \frac{\sum_{t=0}^{n} f_t}{n} (t = 1,2\cdots,n) \tag{3-11}$$

$$\mathrm{TC} = X_1 + X_2 + \cdots + X_i \tag{3-12}$$

式中，TC 指城市空间资源再配置中的交易成本，X_i 指第 i 个交易活动所产生的成本，f_t 指第 t 个人对于该项交易活动的评价值。

3.4.3 综合效益维度

本研究所指的综合效益，即在城市空间资源再配置过程中，因产权交易与再配置所产生的经济、社会及环境等多方面的效益。由此可知，对于综合效益评价所涉及的评价对象具有复杂性，而目前学界对于该类问题的评价主要采用以指标体系为主导的系统评价方法，该方法主要包括指标选取、指标权重系数确定及评价方法与分析、评价模型应用等步骤。

1. 综合效益指标选取及含义

城市空间资源再配置的目的是不断提升空间资源的利用效率、满足人民日益增长的需求及为城市发展提供物质条件。城市空间资源再配置涉及的产权主体复杂，其综合效益的构成不是单一的，既有直接效益，又有间接效益，既有内部效益，又有外部效益。通过对效益评价的相关文献梳理，本书认为城市空间资源再配置的效益由经济效益、社会效益、环境效益之间的相互交流、相互影响而实现，具体指标见表 3-5。

表 3-5　城市空间资源再配置的效益指标体系

目标层	准则层	指标层	编码
城市空间资源再配置的综合效益	经济效益	片区不动产增值	X_1
		提高本区人口就业	X_2
		促进本区经济的发展	X_3
		有效地利用土地及空间	X_4
		功能混合利用	X_5
		商业服务业业态多样性	X_6
	社会效益	改善/保存本区特质	X_7
		对更新结果的满意度	X_8
		保护及促进社区网络	X_9
		对社区的归属感	X_{10}
		为不同阶层居民提供不同类型住房	X_{11}
		促进社会融合及帮助弱势群体	X_{12}
		公众参与	X_{13}
		历史建筑及特征的保护	X_{14}
		提供公共设施，如学校、医院、运动设施等	X_{15}
		提供安全、便捷的公共交通	X_{16}
	环境效益	提供公共开放空间，如公园、游园等	X_{17}
		与周边环境的相容性	X_{18}
		可再利用材料的使用	X_{19}
		能源高效利用设施	X_{20}

2. 指标权重系数确定及评价方法

指标权重的合理性将会对评价结果产生决定性影响。通过对权重计算方法进行梳理发现，主要可分为主观赋值法与客观计算法两种类型。其中主观赋值法有二项系数法、专家打分法、层次分析法和德尔菲法等，客观计算法主要是主成分分析法、熵值法、均方差法等。从表 3-6 可知，两种类型皆有其优缺点，并无绝对标准可以参考。

表 3-6　各类权重计算方法相关情况一览表

类型	具体方法	含义	优点	缺点
主观赋权法	二项系数法、专家打分法、层次分析法、德尔菲法等	根据决策者主观信息进行赋权	根据现实情况赋值，其解释性较强	仅依据相关决策者掌握信息，其客观性较差

续表

类型	具体方法	含义	优点	缺点
客观赋权法	主成分分析法、熵值法、均方差法等	决策者无任何信息，各个目标根据相关规则进行自动赋权	权重精度较高及客观性较强	主要依赖于数据结构，有时会与实际情况相违背，其解释性不强

本书综合效益评价的相关指标分值主要通过实地调查问卷获取相关人员的主观感受并进行量化的方式获取，由于指标体系具有明显的层次性，因此本书应用主观赋值法中的层次分析法（AHP），并且结合多位专家权重赋值综合平均得到最终权重值。层次分析法是美国运筹学家萨蒂提出的权重决策分析方法，也是基于定性分析而使用定量计算的方法，主要有建立层次结构模型、构建判断对比矩阵、计算各指标的权重及权重一致性检验等步骤，相关操作均在 Yaahp 软件中完成。

①建立层次结构模型。依据上述指标体系，建立“目标层—准则层—指标层”三层对应的层次结构模型，并且检测模型无误，其层次结构模型见图 3-13。

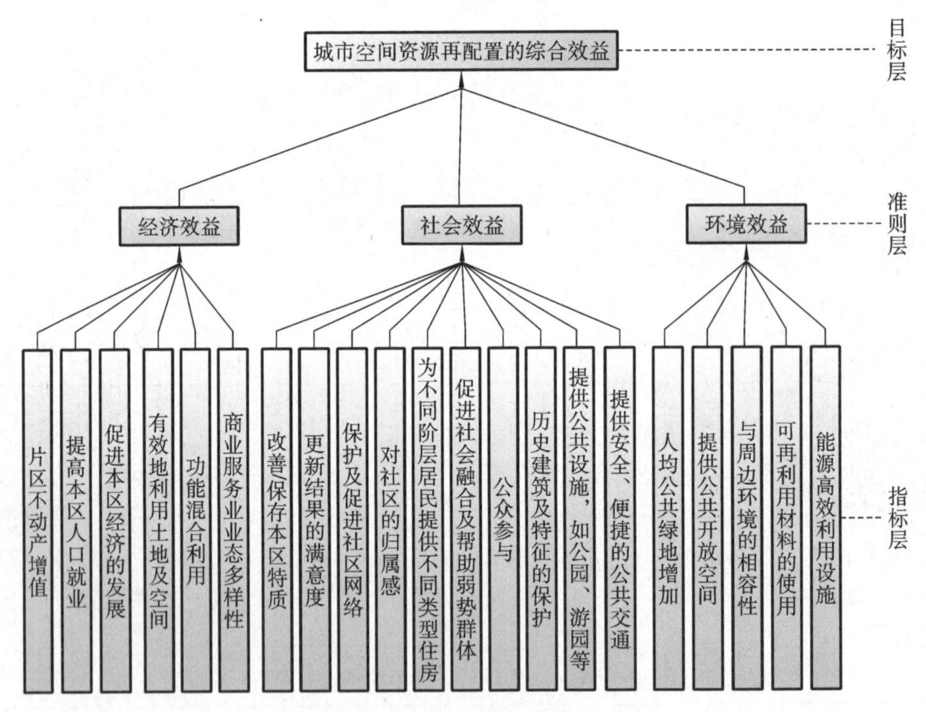

图 3-13 Yaahp 中层次结构示意图

②构建判断矩阵及各项指标重要程度评判（图 3-14）。分别构建目标层的经济效益、社会效益及环境效益的判断矩阵，以及准则层相关指标的判断矩阵，并且邀请专家对各元素之间的重要程度进行判断赋值，判断标准见表 3-7。

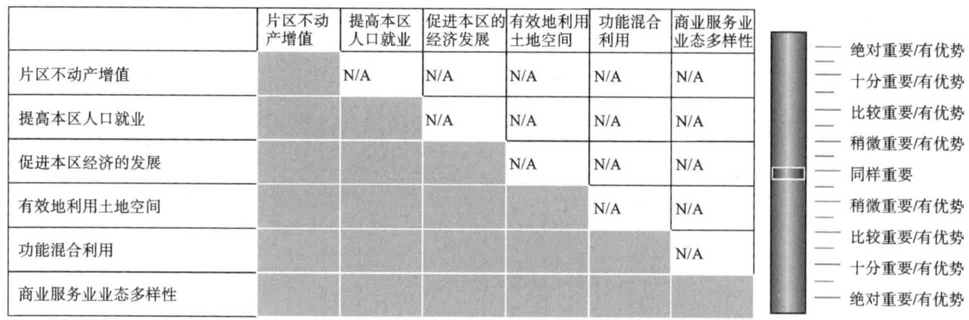

图 3-14　Yaahp 中判断矩阵及判断尺度示意图

表 3-7　两因素相对重要性判断标准

标度（相对重要评分）	重要性	标度（相对重要评分）	重要性
1	A_i与A_j同样重要	7	A_i比A_j十分重要
3	A_i比A_j稍微重要	9	A_i比A_j绝对重要
5	A_i比A_j比较重要	2、4、6、8	介于两相邻判断之间

③各指标的权重计算及权重一致性检验。在专家完成对判断矩阵进行各元素重要程度判断赋值后，采用求和法求得权重向量（$\boldsymbol{W}$）与最大特征值（λ_{max}）。因客观事物具有显著的复杂性，很难要求个人在每一次做出判断时所采用的思维标准完全一致，因此需要确定权重值后进行一致性检验（CR），当一致性比率 $CR<0.1$ 时，则认为判断矩阵具有一致性，不存在逻辑混淆。两者主要有以下计算步骤（以构造环境效益的判断矩阵案例 $\boldsymbol{E}$ 为例，相关数据见表 3-8）：

表 3-8　环境效益的判断矩阵案例 $\boldsymbol{E}$ 的赋值表

	提供公共开放空间，如公园、游园等	与周边环境的相容性	可再利用材料的使用	能源高效利用设施
提供公共开放空间，如公园、游园等	1	1	0.3333	0.5
与周边环境的相容性	1	1	0.3333	0.25
可再利用材料的使用	3	3	1	2
能源高效利用设施	2	4	0.5	1
列和	7	9	2.1666	3.75

a. 对环境效益的判断矩阵 $\boldsymbol{E}$ 进行最大值归一化，得到新矩阵 $\boldsymbol{S}=(\boldsymbol{b}_{ij})_{nxm}$：

$$b_{ij}=\frac{e_{ij}}{\sum_{i=1}^{n}e_{ij}}(i,j=1,2,3\cdots\cdots,n) \tag{3-13}$$

b. 将新矩阵中 $\boldsymbol{S}$ 的元素按行相加，得到向量 $\boldsymbol{C}=(\boldsymbol{C}_1,\boldsymbol{C}_2,\cdots\cdots,\boldsymbol{C}_n)^{\mathrm{T}}$：

$$C_i=\sum_{j=1}^{n} b_{ij}(i,j=1,2,3\cdots\cdots,n) \tag{3-14}$$

c. 对向量 $\boldsymbol{C}$ 进行最大值归一化，得到特征向量，即权重向量 $\boldsymbol{W}=(W_1,\cdots\cdots,W_n)^{\mathrm{T}}$：

$$W_i=\frac{C_i}{\sum_{k=1}^{n} C_k}(i=1,2,3\cdots\cdots,n) \tag{3-15}$$

d. 权重向量与环境效益的判断矩阵 $\boldsymbol{E}$ 进行矩阵相乘得到 AW，然后求得 AW 与权重向量 $\boldsymbol{W}$ 的商相加的平均值，即最大特征根 $\lambda_{\max}$：

$$\lambda_{\max}=\frac{1}{n}\times\sum_{i=1}^{n}\frac{(\mathrm{AW})_i}{W_i} \tag{3-16}$$

e. 计算一致性指标 CI：

$$\mathrm{CI}=\frac{\lambda_{\max}-n}{n-1} \tag{3-17}$$

f. 查找相应的平均随机一致性指标 RI，常用的平均随机一致性指标 RI 见表 3-9：

表 3-9　一致性指标 RI 值

矩阵阶数	1	2	3	4	5	6	……
RI	0	0	0.58	0.9	1.12	1.24	……

g. 计算一致性比例 CR，相关数据见表 3-10：

$$\mathrm{CR}=\frac{\mathrm{CI}}{\mathrm{RI}} \tag{3-18}$$

表 3-10　环境效益判断矩阵案例 $\boldsymbol{E}$ 的相关计算值一览表(CR= 0.0363)

	提供公共开放空间，如公园、游园等	与周边环境的相容性	可再利用材料的使用	能源高效利用设施	行和	权重 W_i	AW	AW/W
提供公共开放空间，如公园、游园等	0.1429	0.1111	0.1538	0.1333	0.5411	0.1353	0.5537	4.0931
与周边环境的相容性	0.1429	0.1111	0.1538	0.0667	0.4745	0.1186	0.4770	4.0214
可再利用材料的使用	0.4286	0.3333	0.4616	0.5333	1.7568	0.4392	1.8147	4.1318
能源高效利用设施	0.2857	0.4444	0.2308	0.2667	1.2276	0.3069	1.2715	4.1431
列和	1.0000	1.0000	1.0000	1.0000	4.000	1.0000	/	16.389

本次使用 Yaahp 中的群决策面板中相关功能，邀请 8 位专家在 Yaahp 软件中对各元素的重要性进行判断，并使用上述相关步骤得到所有专家的权重值，且均通过一致性检验。之后，取 8 位专家权重的平均值作为各指标的最终权重值，具体见表 3-11，以此来衡量不实施政策与实施政策的综合效益情况。

表 3-11　城市空间资源再配置综合效益指标权重值

目标层	准则层	指标层	专家 1	专家 2	专家 3	专家 4	专家 5	专家 6	专家 7	专家 8	平均值
城市空间资源再配置的综合效益	经济效益		0.3275	0.2098	0.1958	0.2970	0.2065	0.2599	0.2694	0.2735	0.2549
		片区不动产增值	0.0199	0.0128	0.0119	0.0215	0.0167	0.0188	0.0269	0.0284	0.0196
		提高本区人口就业	0.0472	0.0302	0.0282	0.0455	0.0322	0.0399	0.0388	0.0398	0.0377
		促进本区经济的发展	0.0138	0.0088	0.0082	0.0147	0.0099	0.0129	0.0214	0.0244	0.0143
		有效地利用土地及空间	0.0309	0.0198	0.0185	0.0278	0.0192	0.0243	0.0234	0.0234	0.0234
		功能混合利用	0.1301	0.0548	0.0512	0.0749	0.0522	0.0656	0.0715	0.0701	0.0713
		商业服务业业态多样性	0.0856	0.0833	0.0778	0.1125	0.0763	0.0888	0.0874	0.0874	0.0874
	社会效益		0.4126	0.5499	0.4934	0.5396	0.4037	0.3775	0.4428	0.4399	0.4574
		改善/保存本区特质	0.0295	0.0394	0.0353	0.0421	0.0319	0.0256	0.0340	0.0340	0.0340
		对更新结果的满意度	0.0237	0.0316	0.0284	0.0313	0.0242	0.0190	0.0264	0.0264	0.0264
		保护及促进社区网络	0.0167	0.0223	0.0200	0.0210	0.0166	0.0128	0.0182	0.0182	0.0182
		对社区的归属感	0.1151	0.1534	0.1377	0.1463	0.1084	0.0888	0.1150	0.1035	0.1210
		为不同阶层居民提供不同类型住房	0.0098	0.0131	0.0117	0.0140	0.0114	0.0085	0.0114	0.0114	0.0114

续表

目标层	准则层	指标层	专家1	专家2	专家3	专家4	专家5	专家6	专家7	专家8	平均值
城市空间资源再配置的综合效益	社会效益	促进社会融合及帮助弱势群体	0.0466	0.0621	0.0557	0.0631	0.0467	0.0383	0.0521	0.0521	0.0521
		公众参与	0.0614	0.0819	0.0735	0.0801	0.0594	0.0486	0.0675	0.0675	0.0675
		历史建筑及特征的保护	0.0106	0.0141	0.0126	0.0141	0.0115	0.0086	0.0119	0.0119	0.0119
		提供公共设施，如学校、医院、运动设施等	0.0116	0.0155	0.0139	0.0160	0.0119	0.0597	0.0214	0.0214	0.0214
		提供安全、便捷的公共交通	0.0874	0.1165	0.1045	0.1116	0.0817	0.0677	0.0849	0.0935	0.0935
	环境效益		0.2599	0.2402	0.3108	0.1634	0.3898	0.3626	0.2878	0.2868	0.2877
		提供公共开放空间，如公园、游园等	0.0248	0.0229	0.0297	0.0160	0.0539	0.0556	0.0338	0.0338	0.0338
		与周边环境的相容性	0.0416	0.0385	0.0498	0.0189	0.0463	0.0478	0.0405	0.0405	0.0405
		可再利用材料的使用	0.0720	0.0666	0.0862	0.0722	0.1664	0.1322	0.0993	0.0993	0.0993
		能源高效利用设施	0.1215	0.1122	0.1452	0.0503	0.1232	0.1270	0.1132	0.1132	0.1132

3. 综合效益的评价方法与分析

采用 Likert scale 五点尺寸法将答案选项设置为“很少”、“比较少”、“一般”、“比较多”、“很多”，并分别配以 1 分、2 分、3 分、4 分、5 分的分值，见表 3-12。

表 3-12　城市空间资源再配置的效益指标体系

目标层	准则层	指标层	评分方法
城市空间资源再配置的综合效益	经济效益	片区不动产增值	“很少”＝1；“比较少”＝2；“一般”＝3；“比较多”＝4；“很多”＝5
		提高本区人口就业	“很少”＝1；“比较少”＝2；“一般”＝3；“比较多”＝4；“很多”＝5
		促进本区经济的发展	“很少”＝1；“比较少”＝2；“一般”＝3；“比较多”＝4；“很多”＝5
		有效地利用土地及空间	“很少”＝1；“比较少”＝2；“一般”＝3；“比较多”＝4；“很多”＝5
		功能混合利用	“很少”＝1；“比较少”＝2；“一般”＝3；“比较多”＝4；“很多”＝5
		商业服务业业态多样性	“很少”＝1；“比较少”＝2；“一般”＝3；“比较多”＝4；“很多”＝5
	社会效益	改善/保存本区特质	“很少”＝1；“比较少”＝2；“一般”＝3；“比较多”＝4；“很多”＝5
		对更新结果的满意度	“很少”＝1；“比较少”＝2；“一般”＝3；“比较多”＝4；“很多”＝5
		保护及促进社区网络	“很少”＝1；“比较少”＝2；“一般”＝3；“比较多”＝4；“很多”＝5
		对社区的归属感	“很少”＝1；“比较少”＝2；“一般”＝3；“比较多”＝4；“很多”＝5
		为不同阶层居民提供不同类型住房	“很少”＝1；“比较少”＝2；“一般”＝3；“比较多”＝4；“很多”＝5
		促进社会融合及帮助弱势群体	“很少”＝1；“比较少”＝2；“一般”＝3；“比较多”＝4；“很多”＝5
		公众参与	“很少”＝1；“比较少”＝2；“一般”＝3；“比较多”＝4；“很多”＝5
		历史建筑及特征的保护	“很少”＝1；“比较少”＝2；“一般”＝3；“比较多”＝4；“很多”＝5
		提供公共设施，如学校、医院、运动设施等	“很少”＝1；“比较少”＝2；“一般”＝3；“比较多”＝4；“很多”＝5
		提供安全、便捷的公共交通	“很少”＝1；“比较少”＝2；“一般”＝3；“比较多”＝4；“很多”＝5

续表

目标层	准则层	指标层	评分方法
城市空间资源再配置的综合效益	环境效益	提供公共开放空间，如公园、游园等	“很少”=1；“比较少”=2；“一般”=3；“比较多”=4；“很多”=5
		与周边环境的相容性	“很少”=1；“比较少”=2；“一般”=3；“比较多”=4；“很多”=5
		可再利用材料的使用	“很少”=1；“比较少”=2；“一般”=3；“比较多”=4；“很多”=5
		能源高效利用设施	“很少”=1；“比较少”=2；“一般”=3；“比较多”=4；“很多”=5

在确定各项元素的权重值的基础上，应用加权平均的评价方法得到综合效益评价值，即各项指标的计算分值与对应的权重值相乘得到综合效益的评价值，计算公式如下：

$$\mathrm{OB}=\mathrm{IS}\times W=\mathrm{IS}_1\times W_1+\cdots\cdots+\mathrm{IS}_n\times W_n \tag{3-19}$$

式中，OB 指城市空间资源再配置中的综合效益评价值，IS 指综合效益评价指标体系中各项指标的评价均值，W 指各项指标所对应的权重值。

3.4.4 产权激励效用评价的矩阵决策模型

据式(3-1)，抽象生产成本后，资源配置效率与交易成本成反比，与综合效益成正比，根据公共政策评价的相关理论模型，按其政策工具实施前后的交易成本与综合效益情况构建产权激励政策工具评价的矩阵决策模型(表 3-13)。

表 3-13　产权激励政策工具评价的矩阵决策模型

综合效益 交易成本	综合效益“↑”	综合效益“－”	综合效益“↓”
交易成本“↓”	√	√	○
交易成本“－”	√	○	×
交易成本“↑”	○	×	×

注：(1)“↓”表示政策工具实施后交易成本或综合效益降低；“－”表示政策工具实施后交易成本或综合效益不变；“↑”表示政策工具实施后交易成本或综合效益提升；

(2)“√”表示该项政策工具具有正效用，政策工具可实施；“○”表示该项政策工具可在综合评估与改进后实施；“×”表明该项政策工具呈负效用，不可实施。

情形 1：某一项产权激励政策工具实施前后，其交易成本“↓”、综合效益“↑”或综合效益“－”，则该项政策工具有效。

情形 2：某一项产权激励政策工具实施前后，其交易成本“－”、综合效益“↑”，

则该项政策工具有效。

情形 3：某一项产权激励政策工具实施前后，其交易成本“↑”、综合效益“↑”，则需对该项政策工具进行综合评价，并对涉及交易成本增加的内容进行调整修改。

情形 4：某一项产权激励政策工具实施前后，其交易成本“↓”、综合效益“↓”，则需对该项政策工具进行综合评价，并对涉及综合效益减少的内容进行调整修改；

情形 5：某一项产权激励政策工具实施前后，其交易成本“—”、综合效益“—”或综合效益“↓”，则该项政策工具无效。

情形 6：某一项产权激励政策工具实施前后，其交易成本“↑”、综合效益“—”或综合效益“↓”，则该项政策工具无效。

3.5　本章小结

首先，本章从城市空间资源再配置入手，分析了其空间表现方式、利益与权责关系及再配置的三个诉求；其次，基于城市空间资源的稀缺性，将产权激励引入城市空间资源再配置过程；再次，从新制度经济学的角度对产权激励方式进行了理论解释，提出了产权激励的作用在于降低交易成本和增加效用；最后，构建了一个产权激励政策工具的矩阵决策模型，从定量与定性综合分析的角度构建了一个政策工具评价与选择的模型。本章为后续研究中能够搭建更加科学、实用的本土化的城市空间资源再配置的理论框架及实现路径奠定了理论基础。

第4章 转型解译:基于产权激励的城市空间资源配置分析

4.1 初始配置主导期

4.1.1 背景与制度环境

中国城市化进程的推进和经济的快速发展,使得越来越多的人口和经济活动在城市集聚,必然伴随着城市地域空间的扩大,即城市空间增长。如图4-1所示,从统计数据上看,从1981—2010年间,中国建成区的面积逐年增长。其中,20世纪80年代中国建成区面积增长幅度相对平缓,并且波动不大;进入20世纪90年代之后,中国建成区面积的增长明显加速,并且出现较大的波动。2000年以来,城市空间拓展增速,基本上保持在每年增长1500 km^2 以上。

在20世纪80年代的10年时间里,中国城市建成区面积增长了5417.7 km^2;到20世纪90年代,增加到8428.2 km^2;到20世纪头10年,增加到16031.4 km^2,大于前20年建成区增长面积的总和(表4-1)。

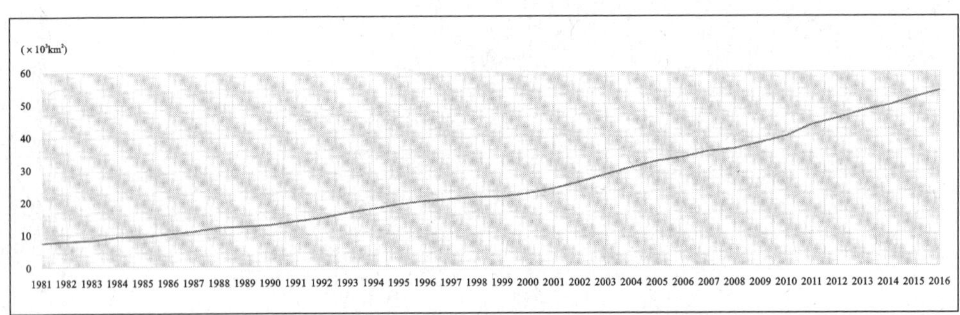

图4-1 1981—2016年中国城市建成区增长情况

表 4-1 全国历年城市数量及人口、面积情况(1978—2016)

面积计量单位：km²

人口计量单位：万人

年份	城市个数	地级	县级	县及其他个数	城区人口	非农业人口	城区暂住人口	城区面积	建成区面积	城市建设用地面积
1978	193	98	92	2153	7682.0					
1979	216	104	109	2153	8451.0					
1980	223	107	113	2151	8940.5					
1981	226	110	113	2144	14400.5	9243.6		206684.0	7438.0	6720.0
1982	245	109	133	2140	14281.6	9590.0		335382.3	7862.1	7150.5
1983	281	137	141	2091	15940.5	10047.2		366315.9	8156.3	7365.6
1984	300	148	149	2069	17969.1	10956.9		480733.3	9249.0	8480.4
1985	324	162	159	2046	20893.4	11751.3		458066.2	9386.2	8578.6
1986	353	166	184	2017	22906.2	12233.8		805834.0	10127.3	9201.6
1987	381	170	208	1986	25155.7	12893.1		898208.0	10816.5	9787.9
1988	434	183	248	1936	29545.2	13969.5		1052374.2	12094.6	10821.6
1989	450	185	262	1919	31205.4	14377.7		1137643.5	12462.2	11170.7
1990	467	185	279	1903	32530.2	14752.1		1165970.0	12855.7	11608.3
1991	479	187	289	1894	29589.3	14921.0		980685.0	14011.1	12907.9
1992	517	191	323	1848	30748.2	15459.4		969728.0	14958.7	13918.1
1993	570	196	371	1795	33780.9	16550.1		1038910.0	16588.3	15429.8
1994	622	206	413	1735	35833.9	17665.5		1104712.0	17939.5	20796.2
1995	640	210	427	1716	37789.9	18490.0		1171698.0	19264.2	22064.0
1996	666	218	445	1696	36234.5	18882.9		987077.9	20214.2	19001.6
1997	668	222	442	1693	36836.9	19469.9		835771.8	20791.3	19504.6
1998	668	227	437	1689	37411.8	19861.8		813585.7	21379.6	20507.6
1999	667	236	427	1682	37590.0	20161.6		812817.6	21524.5	20877.0
2000	663	259	400	1674	38823.7	20952.5		878015.0	22439.3	22113.7
2001	662	265	393	1660	35747.3	21545.5		607644.3	24026.6	24192.7
2002	660	275	381	1649	35219.6	22021.2		467369.3	25972.6	26832.6
2003	660	282	374	1642	33805.0	22986.8		399173.2	28308.0	28971.9

续表

年份	城市个数	地级	县级	县及其他个数	城区人口	非农业人口	城区暂住人口	城区面积	建成区面积	城市建设用地面积
2004	661	283	374	1636	34147.4	23635.9		394672.5	30406.2	30781.3
2005	661	283	374	1636	35923.7	23652.0		412819.1	32520.7	29636.8
2006	656	283	369	1635	33288.7		3984.1	166533.5	33659.8	34166.7
2007	655	283	368	1635	33577.0		3474.3	176065.5	35469.7	36351.7
2008	655	283	368	1635	33471.1		3517.2	178110.3	36295.3	39140.5
2009	654	283	367	1636	34068.9		3605.4	175463.6	38107.3	38726.9
2010	657	283	370	1633	35373.5		4095.3	178691.7	40058.0	39758.4
2011	657	284	369	1627	35425.6		5476.8	183618.0	43603.2	41805.3
2012	657	285	368	1624	36989.7		5237.1	183039.4	45565.8	45750.7
2013	658	286	368	1613	37697.1		5621.1	183416.1	47855.3	47108.5
2014	653	288	361	1596	38576.5		5951.5	184098.6	49772.6	49982.7
2015	656	291	361	1568	39437.8		6561.5	191775.5	52102.3	51584.1
2016	657	293	360	1537	40299.2		7414.0	198178.6	54331.5	52761.3

注：(1)2005 年及以前年份“城区人口”为“城市人口”，“城区面积”为“城市面积”；

(2)2005 年、2009 年、2011 年城市建设用地面积不含上海市。

资料来源：2017 年城市建设统计年鉴。

以初始配置主导的城镇化发展期，理念是“增长主义”，目标是增长导向，机制为 GPD 考核，起因是分税制，而最关键的制度工具就是土地制度。在多重目标的推动下，中国走出了一条独特的“高速度增长”之路，这种增长模式的特点在于经济指标增长是第一要务，工业化是引擎，土地扩张是表征，初始配置是资源利用的方式。政府作为土地的所有者和土地供给的垄断者，在增长主义的指导下，通过垄断的方式获取土地差值，实现经济增长。

4.1.2 基于梅溪湖土地整包的案例分析

1. 案例简介

梅溪湖片区是湖南湘江新区(原先导区)重点发展的四大片区之一，也是湘江新区发展较快的片区。早在 2008 年，长沙市政府就启动了原先导区的规划建设工作，但由于地方政府财政的限制以及关于如何建设梅溪湖新城并没有完全达成规划共识等原因，导致梅溪湖片区的建设一直较为缓慢。2011 年，长沙市政府作出

了改变梅溪湖片区命运的决策，与方兴地产有限公司签订整包合同，希望通过新城公司的模式来运作梅溪湖，探索土地整包模式，同年 1 月，与方兴地产有限公司签订了合作开发协议（图 4-2）。

按照协议的要求，方兴地产有限公司需投资新设全资项目子公司——金茂梅溪湖公司（下称“金茂公司”），金茂公司作为长沙市人民政府授权的招募资金与项目的主体，由其完成协议范围内的“征地拆迁、补偿安置、工程建设及其他开发工作”。长沙市人民政府及湖南湘江新区管理委员会（原先导区管委会）给予金茂公司全面的政府配套支持、优惠政策等。

图 4-2　梅溪湖片区一期城市设计效果图（阿特金斯方案）

2. 土地财政制度下的土地整包

(1) 土地整包前用地情况

在规划实施前，片区现状用地类型主要为水域、耕地、林地，其中耕地约697.37 hm^2，占总用地面积的 47.12%；水域约 99.09 hm^2，占总用地面积的 6.70%；林地约 225.45 hm^2，占总用地面积的 15.23%；城市建设用地面积为 318.34 hm^2，占总用地面积的 21.51%（表 4-2）。

在规划实施前，龙王港以北和麓云路以东地区为已批的安置小区或住宅用地；龙王港以南区域用地类型为耕地和村镇建设用地，其中村镇建设用地主要为天顶村、学湖村、联络村的村民住宅用地；沿枫林路主要为村镇安置用地、部分批建的住宅及高校等用地（图 4-3）。

表 4-2　梅溪湖片区规划实施前现状用地汇总表

序号	类别名称		面积/hm^2	占总用地比例/(%)
1	总用地		1480.00	100.00
2	城市建设用地		318.34	21.51
3	水域和其他用地		1161.66	78.49
	其中	水域	99.09	6.70
		耕地	697.37	47.12
		园地	12.96	0.88
		林地	225.45	15.23
		村镇建设用地	126.82	8.57

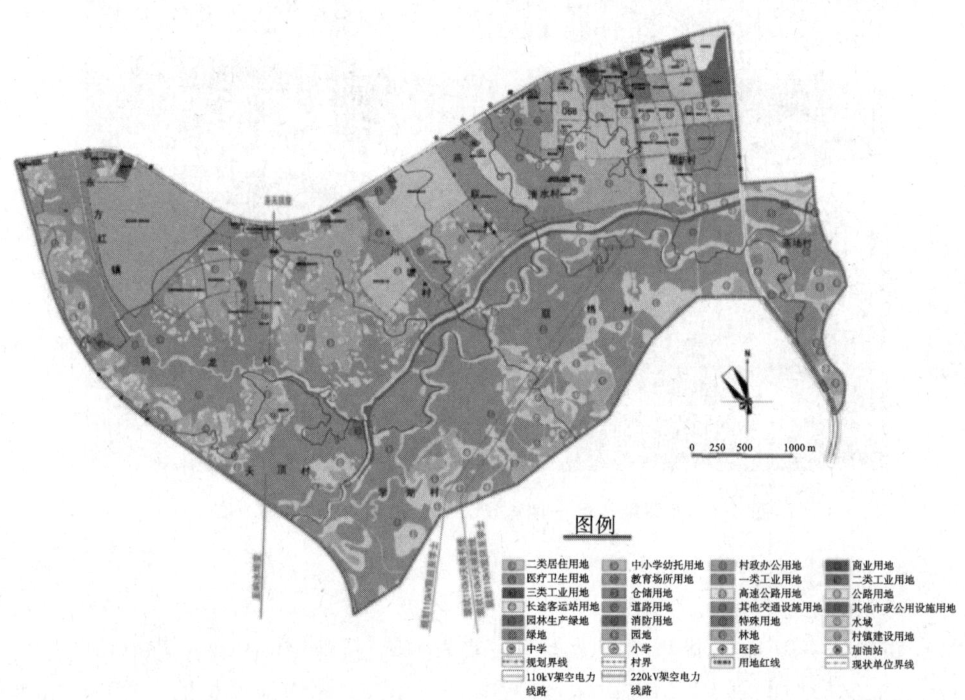

图 4-3　梅溪湖片区规划实施土地利用现状图

在规划实施前，政府已批和出让红线用地面积为 456.91 hm^2，其中，已建城市建设用地面积 318.34 hm^2，重点集中在枫林路沿线，主要建设项目包括航天学校、长沙红十字生殖专科医院、广厦新苑、汽车西站、航天小区、望新小学、南加塘安置小区、大坝嘴安置小区、锦绣家园小区等。从图 4-4、图 4-5 可以看出，龙王港以北片区大部分用地已经批建，以居住功能为主。未批用地主要集中在龙王港以南片区，主要以农林地和村庄为主。

已批用地一览表

序号	名称	用地面积（公顷）	用地手续进行阶段		
			已划红线	已划蓝线	现状界线
1	天顶建筑公司预制件厂	0.67	√		
2	滨海建筑设备公司	0.68	√		
3	消毒剂厂	0.17	√		
4	长沙市清水建筑工程有限公司	0.43	√		
5	长沙市国土管理局(桐梓坡西路回报地)	61.32	√		
6	浪琴湾安置小区	8.10	√		
7	天顶乡安置小区	24.40	√		
8	望城县公路湾塑料厂	2.31	√		
9	长沙恒大食品加工厂	0.3	√		
10	068	63.15	√		
11	长天加油站	0.41	√		
12	新华水泥	1.42	√		
13	湖南第一师范	72.78	√		
14	教师村	10.34	√		
15	骑龙村安置地	5.16	√		
16	四海置业	4.55	√		
17	柏家塘安置小区	34.72	√		
18	黄荆安置小区	12.74	√		
19	麓谷商贸中心	20.92		√	
20	加油站	0.27	√		
21	岳麓住房保障开发有限公司	15.02		√	
22	达美综合市场	10.94	√		
23	大坝嘴小区	9.65			√
24	天英实验学校一期建设用地	4.71			√
25	箭弓山重建地	3.72			√
26	广夏新苑	9.48			√
27	省武警消防大队训练基地	9.03			√
28	市聋盲哑学校	3.09			√
29	公交公司	5.14			√
30	望新小学	2.24			√
31	南加塘安置小区	4.53			√
32	汽车西站	8.94			√
33	望城坡地块	4.24			√
34	航天汽修厂	0.82			√
35	湖南航天管理局	2.26			√
36	航天医院	1.70			√
37	068宿舍区	15.93			√
38	航天学校	3.94			√
39	长沙红十字生殖专科医院	1.53			√
40	湖南航天管理局	3.97			√
41	麓山风情	3.97			√
42	锦绣家园小区	7.92			√
小计		456.91			

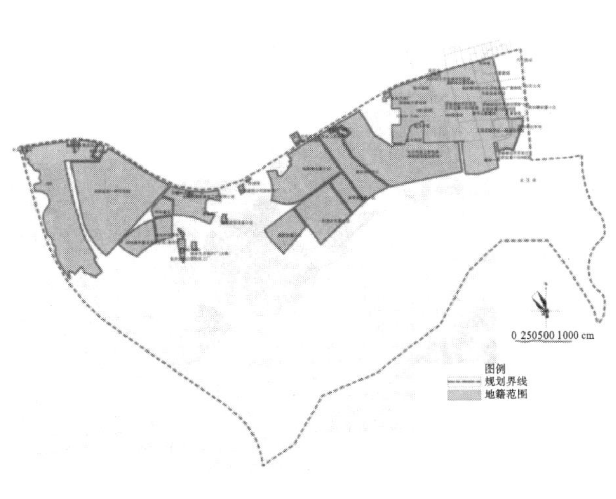

图 4-4　2008 年年底以前已批用地分布图

图 4-5　梅溪湖国际新城(一期)建设前影像图

(2) 土地整包的实施情况

2011年1月，中国金茂(集团)有限公司与长沙大河西先导区管委会签署《梅溪湖国际服务和科技创新城开发协议》，开启了梅溪湖快速发展的新时期。根据《梅溪湖国际服务和科技创新城开发协议》中开发进度及规划的要求，一批房地产企业迅速进驻梅溪湖。在6年的时间内，4000余亩的经营性用地，包括约3910亩住宅及商业公建用地、304亩研发及配套用地完成了土地出让，且主要集中在2011—2014年，见图4-6至图4-8。

图4-6 梅溪湖国际新城(一期)核心区用地示意图

(3) 土地整包的若干效应

从方兴地产有限公司开发梅溪湖的案例可以看出，在城市新区开发建设中，通过政府与具有一定资质的开发公司的合作，打造具有市场化运作能力的新平台，不但可以较好地实施规划，也能快速地实现城市发展。综合而言，梅溪湖的土地整包主要有以下三个方面的特点。

①将规划蓝图转变成了系统性的新城开发政策，节约了规划成本。

方兴地产有限公司最终能取得梅溪湖的土地整包协议，关键在于拿出了一个具有前瞻性与整体性的规划设计方案，且政府、市场与市民对于该方案达成共识，既考虑了梅溪湖的地方特色，又对国际新城的发展进行了整体谋划，实现了从规划蓝图到政策体系的落地保障。方案最大的亮点在于设置了四通八达的交通网络设

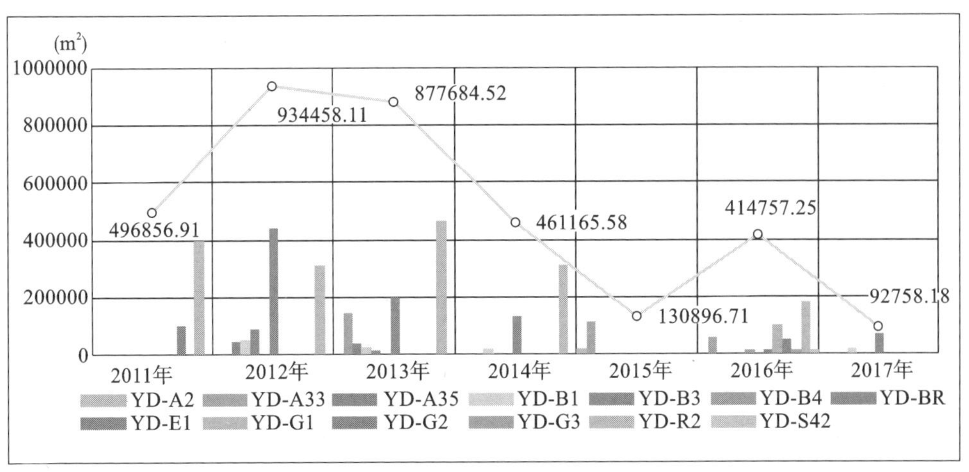

图 4-7　梅溪湖国际新城用地出让情况

注：根据梅溪湖土地历年出让数据整理。

图 4-8　梅溪湖一期 2017 年实景照

施（地铁线路与地铁站点布局），涵盖长沙儿大名校的教育资源（如师大附中）、高端的医疗配套（三甲医院）及重大公共文化设施（艺术中心等）等，这些都是老百姓最关心的问题，因此能够较快地落地实施。

②搭建了新城公司的法人治理结构机制，带来行政自主权，节约了管理成本。

在梅溪湖开发之初，长沙市政府借鉴其他城市新区开发的做法，成立了城投公司，即先导投资控股有限公司，作为政府指定的建设主体，主要承担基础设施及公共设施建设等前期建设工作。与方兴地产有限公司合作后，再次委托方兴地产有限公司对协议范围内的土地进行管理，实行真正意义上的市场化运作，建立了一套完善的法人治理结构，从而极大地减少了政府管理中的交易成本。而政府与先导投资控股有限公司通过合作的方式对方兴地产有限公司进行管理和约束，既保证了政府管理的刚性，又具有一定的弹性，能够有效利用市场资本，最终使片区综合开发的理念得以贯彻和实施，成了长沙城市发展的名片。

③通过土地整包及新城公司实现了系统性融资，大大节约了融资成本。

在前文中提到，由于新城开发的资金缺口较大，所以在新城建设之初，其进展并不显著。之后，政府利用市场的优势，通过方兴地产有限公司进行融资。方兴地产有限公司在与政府签订协议后，又与国家开发银行长沙分行签订了借款合同，金额达 80 亿元，为快速启动梅溪湖片区的建设提供了充足的资金保障。同时，方兴地产有限公司还积极引入其他具有实力的投资机构共同开发这个片区，在资本的保障下，梅溪湖从岳麓山下的一个小村庄迅速发展成为国际新城。

总之，梅溪湖片区的开发有赖于土地整包，而土地整包则依赖于土地财政的政策，在此背景下，探索扩大空间资源的效用、提升城市建设速度，同时降低城市空间资源配置中交易成本的实现路径。

3. 案例小结

透过案例发现，空间资源初始配置从规划编制到规划实施，再到实施完成的全过程中，由政府主导的居多。因此，下文列举了 23 项交易成本的项目（笔者根据调研进行梳理），为方便分析，笔者将开发过程中的交易成本假设为 100 个单位，对不同的交易活动赋予相应的标准值，并将实际耗费的时间、精力、金钱等换算为实际值（由于样本有限，数据不一定准确，但可以反映整体趋势、比例和结构关系）。经过对比发现，土地整包模式由于受到大开发商与资本及政府的主导，形成“政府—企业”主导合作模式，极大地降低了交易成本，这也是梅溪湖片区得以快速发展的主要原因。

就交易成本而言，在规划编制阶段，由于方兴地产有限公司的前期介入，引入了国际规划设计团队，在一定的时间内形成了政府、市民及企业均认可的规划设计方案，为规划编制阶段降低交易成本打下了坚实基础，原本该过程需要 16 个单位的交易成本，然而通过整体设计，交易成本减至 7 个单位；在规划实施阶段，通常情况下的难点在于征收补偿协议谈判，但梅溪湖片区的规划定位、公共设施的配套都极大地激励了拥有土地的农民，让他们对于征收拆迁有了积极性。与此同时，该过程中基本没有涉及规划调整，且在设计总体方案之初，参与开发的企业已经计算出相应的“成本—收益”，在拿地之前进行约定，因此，原本该阶段的交易成本值为 75

个单位，但实际过程只需要 30 个单位；在实施完成阶段，实际上就是开发后阶段的产权出售与交易过程，由于梅溪湖片区是市政府重点打造的成熟片区，其配套设施完善，开发品质高，因此，产权一入市便受到市民的追捧，中间的交易成本自然较低。

表 4-3　城市空间资源初始配置全过程交易成本分类表

序号	交易阶段	交易活动	交易成本	成本分类	成本负担方式	标准值	实际值
1	规划编制阶段	信息收集	信息搜集费用	信息成本	时间、精力	3	2
2		相关评估	会议决策费用	决策成本	时间、精力、金钱	2	1
3		寻找规划机构	合作方搜寻费用	搜寻成本	时间、精力	3	1
4		编制规划方案	材料编制费用	计划成本	时间、精力、金钱	3	1
5		规划方案技术审查	审查费用	审查成本	时间、精力	2	1
6		规划方案审议并公示	会议决策费用	决策成本	时间、精力	3	1
小计						16	7
7	规划实施阶段	土地一级开发协议	决策费用	决策成本	时间、精力	3	2
8		制定征收补偿方案	会议决策费用	决策成本	时间、精力	3	5
9		征收补偿协议谈判	谈判费用	协商成本	时间、精力	30	10
10		签订拆迁补偿协议	决策费用	信息成本	时间、精力	5	3
11		拆迁补偿	支付赔偿费用	决策成本	时间、精力、金钱	2	1
12		土地招拍挂	决策费用	决策成本	时间、精力、金钱	4	2
13		开发主体核准	决策费用	决策成本	时间、精力	2	2

续表

序号	交易阶段	交易活动	交易成本	成本分类	成本负担方式	标准值	实际值
14	规划实施阶段	规划方案的修改	材料编制费用	计划成本	时间、精力、金钱	4	0
15		规划修改方案的审议并公示	决策费用	决策成本	时间、精力	4	0
16		编制建筑、景观及工程方案	材料编制费用	计划成本	时间、精力、金钱	4	1
17		编制建筑、景观及工程方案报批	会议决策费用	决策成本	时间、精力	4	2
18		编制建筑、景观及工程方案审查	会议决策费用	决策成本	时间、精力	10	2
小计						75	30
19	实施完成阶段	政府或委托第三方机构对建设情况的监管	决策费用	决策成本	时间、精力	2	2
20		竣工验收申请材料准备	材料编制费用	计划成本	时间、精力	1	1
21		竣工验收审核	决策费用	决策成本	时间、精力	1	1
22		产权交易（产权买卖）	决策费用	决策成本	时间、精力、金钱	3	2
23		办理产权证	决策费用	决策成本	时间、精力	2	2
小计						9	8
合计						100	45

注：笔者邀请了10位在湘江新区中办理案卷的项目报建员，根据他们提供的数据整理而成。

通过分析可以看出，在土地财政的制度下，梅溪湖片区通过土地整包模式将土地财政的绩效最大化运用，与全国其他城市、新区的做法大同小异。在此背景下，空间资源能够快速完成初始配置。

4.1.3 延伸思考：高综合效益与低交易成本

1. 高综合效益

改革开放以来，中国经济持续高速增长，国内外不少学者将其称为“中国奇

迹”，其大背景和发生机制如下：20世纪90年代中期以后，中国加快对外开放速度，通过投资与出口拉动，吸引外商投资；制度创新为将廉价劳动力转化为现实优势创造了条件，利用独特的土地制度安排支撑中国快速工业化与城镇化进程；通过创办开发园区，提供优良的政策环境、低价土地与廉价劳动力，中国迅速成长为“世界制造工厂”和“世界第二大经济体”。由政府主导的土地征收与招拍挂制度，实现了土地从“资源—资产—资本”的形态转换，土地从生产生活功能拓展到了资本功能，带来巨大的经济乘数效益。由土地使用制度安排改革所释放的土地红利支撑了改革开放以来快速的工业化与城镇化发展，并为地方政府提供了巨大的增值收益。

增长模式依赖的机制为经营土地（或经营城市）——招商引资——投资扩张——经济扩张。其中经营土地主要体现在两个方面：一是经由土地储备机构，垄断城市一级土地市场，通过“退二进三”（即将第二产业搬迁到城市郊区，引入第三产业），以相对低价收储的土地经由拍卖之后，增值收益主要由政府获取，或者将收储的土地抵押，获得贷款，将土地收益或贷款作为投资，用于城市基础设施建设、改善城市环境等，为招商引资创造基础条件；二是政府通过土地储备机构获得贷款或土地收益，用于园区基础设施等的建设，然后大力招商引资。政府通过初次的投资扩张，并在成功招商引资之后进一步实现投资的扩张及地方经济的增长。

受我国土地所有制制度的影响，土地的财产权利具有双重分割性，即所有权和使用权分离，其所有权归国家或集体垄断，使用权归相应的经济主体，使用权可以转让，农村和城市实行两套管理体系。政府通过土地所取得收入的形式主要有以下四种途径：①“费”，即政府相关的部门在土地管理、规划、建设等过程中所收取的费用，如拆迁费、补偿费、开垦费等；②“金”，主要是指土地出让金，由于我国土地使用权出让有年限要求，此处的“土地出让金”又可理解为政府一次性收取的土地租金，又称为“先付租金”或“特别税金（地税）”，这也是政府通过土地获取收益的主要来源；③“息”，是指政府通过土地入股所获得股息或分红；④“利”，主要是指土地资本化溢价后的资本利得。以上的四种方式构成政府通过土地获取收益的主要形式，正是基于具有中国国情的土地制度，衍生了土地增值的方式、土地财政制度及一整套可操作性的运行体系，支撑了中国经济社会的快速发展。

20世纪90年代中后期以来，在工业化外向推进的同时，中国城市化加速发展，各种要素由乡村向城市集中，由乡村向城市转化，使得中国城市化率从20世纪90年代末的约30%提升到2016年的57.4%。以土地为核心空间资源的初始配置，也是同等财政收入中交易成本最低的一种，土地为经济增长提供了巨大动力，作为土地资源垄断者的政府是土地红利的受益者。然而，土地财政在为中国高速度经济增长提供内在动力和财政扩张的正向激励的同时，也带来了一系列亟待解决的问题和挑战。

2. 低交易成本

(1) 初始配置中的产权交易

2011 年，中国金茂与长沙市大河西先导区管委会签署《梅溪湖国际服务和科技创新城开发协议》，2013 年，中国金茂再次与湘江新区签订了《梅溪湖国际新城二期开发协议》，持续投入 174 亿元进行开发。7 年时间过去了，当年的葡萄园如今已建成了国际艺术中心，曾经窄小的滩涂扩张为 3000 亩城市湖面，4360 亩岳麓山支脉桃花岭公园节假日人山人海，300 m 的超高层地标、零碳办公大厦、17 所中小学、国际文化艺术中心、城市岛、地铁等从无到有(图 4-9)。梅溪湖一跃成了长沙的新中心，所有的成就都可以从当前中国独有的增长模式中找到答案。

图 4-9　2008 年的梅溪湖与 2017 年的梅溪湖文化艺术中心

在增长主义模式下，催生了具有中国特色的增量规划，其特点在于既与计划经济时期规划“作为国民经济计划的具体化与空间落实”不一致，也与市场经济体制下规划作为政府管控市场的空间工具不同。在增长主义下的城市规划，被冠以城市发展“龙头”，但却是服务于地方经济增长、服务于城市经营土地资源、营销城市的技术工具，本质上是为产权交易服务的规划工具。

将初始配置期的产权运行抽象为三个主要环节：第一个环节是政府征用农村集体土地；第二个环节是以政府为主导的基础设施建设开发，土地由“生”转“熟”；第三个环节是开发商通过招拍挂或协议等形式获得土地，并进行建设。

按照产权运行与产权交易的过程分析，产权转换发生在第一个环节和第三个环节，但都是产权人与政府之间的交易，并非充分竞争的市场交易行为。显然，政府对土地具有绝对的垄断性。因此，在这一阶段中，土地财产权利的交易并非真正意义上的市场交易行为，这种模式有其独特的优势，即减少信息查询及讨价还价的交易成本。而且从国家到地方，无论征地补偿标准还是招拍挂底价的设定，都有一系列明确的规范约定，无法形成完全竞争的定价机制。

从收益分配看，初始配置属于较为典型的帕累托改进。在国家严格的土地用途管制制度下，土地功能转换的增值收益是巨大的。政府和开发商在这一过程中是最大的获益者，被征地农民也获得了相应的收益，虽然份额相对政府与开发商而言较少，但相比于农业生产的机会成本损失，其收益依然是客观的。因此，从收益

的角度看，初始配置的过程大多数是获益的，在初始配置阶段，空间规划所承担的主要任务就是如何分配新增的利益。

（2）初始配置规划修改的交易成本

只要土地未出让，规划就可以根据外部形势变化、政府目标和潜在市场主体的需求随时修改、变更。这种修改一般也不会遇到障碍，所以交易成本较小。但土地一旦由政府出让给开发商，即第三个环节完成之后，就变成了由特定产权人所持的存量用地。现实城镇化过程中，土地产权置换并非一次完成，导致规划修改大多面临增量用地和存量用地并存的状态，比例大小决定了规划修改的难易程度，存量用地比例越高，产权关系越复杂，规划修改可实施性难度越大。所以，初始配置过程的优势在于，空间资源配置还未形成复杂、多元的产权关系与利益格局；再者，规划方案调整造成的损益都是虚拟的、预期的，土地产权人即使存在争议，也由于产生的损益不是即时的、现实的，需要很长的周期才能兑现，有可能避免眼前尖锐的冲突，并有充分的时间来消化这些矛盾。假设规划方案编制者能够给予足够的弹性，则因规划调整所产生的交易成本会更低。

（3）规划与规则的相对分离

面向空间资源初始配置的规划实施机制的设计，不仅大大减小了其中的交易成本，也非常巧妙地实现了产权交易过程与空间规划过程的分离，使得规划师可以专注于技术方案，而不必介入第一个环节和第三个环节的土地交易过程，只在第二个环节中发挥作用。因此，基于初始配置的增量规划基本可以视作一个交易成本为零的理想的技术工作，规划师的任务就简化为依赖自己的专业知识，提供空间资源高效配置的方案。因为规划过程中不需要考虑产权交易的问题，规划师可以按照理想的方式进行空间规划设计。当然，规划师也需要进行经济分析，但这种经济分析是建立在规划师个人的经验及各种分析工具与模型基础上的对未来的预设，这个蓝图的参与主体是有限的，而且真正的利益相关者并不能实质性参与，规划师和利益相关人是隔离的，规划方案是规划师在一种虚设的产权交易状态下配置空间资源的设想，对未来发展的安排带有预期性，也存在不确定性。因此，规划方案往往需要保持较大的弹性及可调整性。

4.2 再配置主导期

4.2.1 背景与制度环境

党的十九大报告指出，当前我国社会矛盾已发生了历史性变化，经济社会发展也从追求“高速度增长”转向“高质量发展”。长期以来，城市作为生产要素的集聚地和扩散地，其主要目标是加快经济增长、增加物质产品供给能力，与工业化优先战略相适应，是我国城镇化的主要动力。改革开放之初，城市经济总量与速度是各地政府的主要目标，继而城市新区开发及新城建设如雨后春笋般繁荣，地产开发已然成为城市经济的重要支柱。城市发展初期的确依靠总量与速度来拉动，但随着扩散式发展到一定阶段以及外部竞争的加剧，质量与创新的重要意义逐渐显现。因此，当城市发展到较高级阶段，重视质量与创新的发展更为重要。新时期的城市转型、创新发展就是要转变过去粗放型的发展方式，通过提高人才集聚能力，实现从“有没有”向“好不好”转变，由此导致城市空间资源配置方式的变化。

4.2.2 基于凤凰山庄拆迁的案例分析

2009年，为了改善岳麓山风景名胜区的整体环境，长沙市政府启动了天马山景区的改造工作，并依据规划对凤凰山庄实施征收，由此衍生出一系列私权与公权博弈的典型事件。其博弈过程几经周折，政府由于在实施行政行为过程中程序违法而输掉了官司，整治规划最终未能完全实施。在推进“国家治理体系和治理能力现代化”的宏大背景下，分析案件的缘起、深刻内因及对城市规划的影响，对当下城市空间治理、规划实施法治化、城市规划转型有所裨益与启示。

(1) 案例简介

凤凰山庄是位于湖南大学和湖南师范大学之间的一条著名的商业街——多乐街内的2栋5层住宅小区。2000年7月，长沙市食品公司某购销站将红线范围1745.37 m^2 土地使用权转让给长沙市某房地产开发有限公司，取得了规划许可证，并于同年建成了凤凰山庄，共有35户业主(业主大部分为上述两所高校的教师，其中还有法律专业的教授)。2004年，长沙市政府编制了《岳麓山风景名胜区总体规划(2003—2020)》(下称《总体规划》)，并于2005年9月30日获得了住建部批复，规划要求“天马景区内的常住居民外迁，拆除现有房屋，恢复成为风景绿地”。2006年，市政府启动了《天马山景区详细规划》编制工作，后按照城市发展背景的变化进行了修改，2009年2月25日，《天马山景区详细规划》初步方案公示，而后通过对方案进行深化、整合，形成了《岳麓山风景名胜区天马景区综合整治规划》(下称《整治规划》)，见图4-10和图4-11，并再次进行了公示。《整治规划》对《总体规划》进行了适当调整，“考虑到大学城是景区的一部分，因此增加了为大学生服务的内容，解决大学生的生活服务问题，同时增加了主题文化体验游览的内容，在景区内设置了‘大学生文化展示服务区’”，“凤凰山下的‘堕落街’则被拆除，为大学生创造一个文化街，分为‘上街’和‘下街’”，规划总建筑面积32000 m^2，2010年4月，湖南省住建厅批复了该《整治规划》。

《整治规划》公布之后，激起了凤凰山庄业主的强烈反应。业主们两次致信市政府，要求保留凤凰山庄。业主们认为“小区建筑合法”、“拆除重建浪费”、“建筑无碍景观”，“保留山庄合情、合理、合法”，指出“不应拆除重建以赢利为目的的大学生生活服务设施”，并对拟建项目的公共利益属性提出质疑。而规划局则认为“景区

图 4-10　岳麓山风景名胜区天马景区综合整治规划方案公示（初步方案与调整方案总平面图）

资料来源：长沙市城乡规划局政务网。

图 4-11　岳麓山风景名胜区天马景区综合整治规划方案公示（初步与调整方案鸟瞰图）

资料来源：长沙市城乡规划局政务网。

综合整治规划按照上位规划的要求，提出拆迁该小区，从规划编制上是合法的”、“规划的大学生生活服务设施并非传统意义上的商业街，其目的是为大学生提供必要的配套服务，包括学生学习交流等场所，符合打造大学生家园的定位，与‘核心景区内严禁建设与景区保护无关的任何工程’”并不相悖，维持原规划。第一回合的博弈，政府因掌握对公共利益的解释权，致公权获胜，但事情并没有就此画上句号。

2009 年 2 月 2 日，长沙市政府发布《关于收回长沙市岳麓区湖南大学、湖南师范大学等单位国有土地使用权的决定》(以下简称"土地收回令")(依《总体规划》实施征收),收回湖南大学等 43 家单位共计 36560.41 m^2 的国有土地使用权,2009 年 5 月 6 日取得"拆迁许可证",并启动了拆迁工作。

拆迁过程中,具有法律知识的业主们发现了政府行政行为存在程序违法,他们认为虽然政府通过报纸、公布栏等形式对"土地收回令"进行了公告,但未送达国有土地使用权人手中,并以此向长沙市中级人民法院提起了诉讼,最终胜诉。第二轮博弈,程序正义致私权获胜,开创了国内被拆迁户告赢政府的先例,同时也给政府土地征收、拆迁和规划实施等行政行为的合法性敲响了一记警钟。

(2)"土地收回令"的"程序不正当"让规划蓝图"留有遗憾"

本案中,凤凰山庄业主与长沙市政府间博弈的焦点在于"土地收回令"的行政行为是否存在程序违法。业主们认为这份"土地收回令"存在法律漏洞:首先,"土地收回令"中只列举了两家单位名称,其他单位名称未作明确说明,且"土地回收令"公布的"以××号与××号地籍测绘成果为准",但未公布该成果,无法查证;其次,业主们认为政府未按规定"提前 6 个月进行公告"通知业主及未组织有业主参加的论证和听证会,且强调这份"土地收回令"没有"依法送达"业主手中。因此,业主们认为政府的行政行为存在程序违法。

长沙市政府则认为:2009 年 2 月 2 日,市政府发布了"土地收回令",并在《长沙晚报》2 月 6 日 A9 版进行了公告,已完成送达程序;再者,从政府的角度,该"土地收回令"的发布是依照《总体规划》的要求,也是为了为改善与更好地保护岳麓山生态环境、提升居住生活品质,实现共同利益最大化,"土地收回决定"符合法律规定。

长沙市中级人民法院认为:凤凰山庄的产权已经分户登记至 35 户业主名下,35 户业主就是该"土地收回令"的行政相对人。而市政府未将"土地收回令"直接送达给业主,因此,"土地收回令"对凤凰山庄业主不具法律约束力,尽管被告长沙市政府称发起收回国有土地使用权的目的是为实现"共同利益最大化",但这无法举证被告履行了"依法送达"程序。

2010 年 3 月 17 日,长沙市中级人民法院下达行政判决书:确认长沙市政府"收回土地决定"中涉及收回凤凰山庄 27 户居民国有土地使用权的部分无效。一审判决后,各方当事人均未上诉,凤凰山庄业主赢得了诉讼。

(3)制度成为利益博弈中的"裁判"

"凤凰山庄征收事件"因其特殊的意义曾被评为 2010 年度湖南省最具影响力法治事件,评语这样写道:该案系当今社会热点关注"拆迁"活动过程中发生的一起彰显公民依法维权、司法独立审判的典型案例。长沙市政府在一审判决之后,能够尊重审判结果,停止违法行政,体现了维护法律权威、建设现代法治政府的决心和姿态。有学者则如是评价该案的双方,称其"输得伟大,赢得光荣"。随后,湖南省围绕政府依法行政陆续出台了一系列制度性文件,通过法治基础环境的营造,让公民学会了通过"行政程序规定"维权,政府学会了坦然站上被告席(表 4-4)。法谚有

云："程序是法治和恣意而治的分水岭"，"推进依法行政、建设法治政府，要求政府全面正确地履行职责，政府要'正确地做事'和'做正确的事'"（周强，2011）。

表4-4 湖南建设法治化政府立法进程（2008—2011年间）

序号	法律法规	施行日期	意义
1	《湖南省行政程序规定》	2008年10月1日起施行	中国第一次系统规范行政程序的地方规章；规范行政行为，保障公民权利
2	《湖南省规范性文件管理办法》	2009年7月9日起施行	湖南率先在全国开展了对红头文件的规范
3	《湖南省实施〈中华人民共和国政府信息公开条例〉办法》	2010年1月1日起施行	/
4	《湖南省依法行政考核办法》	2010年3月8日由省政府发布施行	/
5	《湖南省规范行政裁量权办法》	2010年4月7日起施行	湖南率先在全国对自由裁量权的行使进行规范
6	《湖南省行政执法案例指导办法》	2010年7月22日由省政府发布施行	湖南的行政执法，有一个更加具体，明确的案例指导标杆
7	《湖南省政府服务规定》	2011年10月1日起施行	全国首部关于服务型政府建设的省级政府规章，将政府服务设定为法律上的义务

在凤凰山庄案例中，业主们通过法律手段与政府进行博弈，拥有法律知识和实践经验的业主们紧紧抓住政府在规划实施过程中的程序违法事实而胜诉。这一民告官案的胜诉，无疑意味着城市规划实施法治化的一大进步，是依法实施规划的典型案例。凤凰山庄的案例告诫政府及规划师：在规划实施过程中，权力必须通过合法的程序才能行使，行政行为符合行政程序规定是行政行为产生法律效力的必要条件，如果程序违法，也将导致行政行为无效。当前，中国正处在转型发展的变革期，各项改革正在深入推进，政府的公共治理范式也将随改革的推进而发生转变，政府治理正在从"单一垄断"走向"多元互动"，立足"国家治理体系和治理能力现代化"的目标要求，城市规划也将迎来一场全面而深刻的变革。

（4）案例小结

《整治规划》因缺少对规划实施对象及利益主体的产权研究而最终引发了此案。在规划实施过程中，正是那些被传统规划忽视的诉求，往往成了规划实施中的最大"绊脚石"，现实世界存在的交易成本和合约选择使得城市规划陷入无法实现的困局中。只要蓝图实现涉及产权交易，成本就不会为零，当交易成本大于蓝图带来的效益情况下，蓝图就不会变成现实，因此，我们要能为降低交易成本找到更好的方式，学会面对与处理复杂的产权问题，如"如何在规划方案中纳入凤凰山庄居民的诉求？"很显然，规划师们还没有对"空间资源的使用和收益进行分配和协调"这一新的职业要求做好充分准备。

在近代城市规划理论范式里，城市规划具有两种属性：一是技术上"好"的蓝图，这一点广大规划师十分清楚，是无交易成本的理想假定技术工具；二是考虑城市规划各主体利益后的实施方案，是一种基于规划落地的政策工具。传统技术工具型规划忽视了多元化价值诉求，多种诉求交织在空间载体之上，使得规划实施过程变得复杂，而且技术工具型规划往往只关注于某一方面的诉求，规划师已经养成了在"一张白纸"上做规划的习惯，习惯于通过规划的奇思妙想与技术设计来抽象利益主体的真实需求和空间发展的真实潜力，却无意于投入更多的精力对空间的社会属性进行研究，从而导致规划的不适应。

总之，城市规划绝不是一项技术或科学活动，而是"对社会价值的权威性分配、重大公共利益的决策和社会重要利益的制度性分配"，是一项对空间资源配置及其收益进行分配与协调的政策工具，因而在制定规划时，就需要充分考虑空间上的多元权利主体的利益诉求，这要求规划师以制度经济的思维和意识制定规划，否则规划蓝图就会陷入走样的困境。

可以预见在不以粗放用地增长为核心的存量规划中，通过利用非市场手段调节实现共同利益最大化的传统增量规划正面临诸多困难（钱云，2016）。存量规划与增量规划面临着完全不同的产权状态，存量建设用地使用权分散属于不同产权主体，且现实利益格局已经定型。一方面是需求与利益多元化的背景下，传统政府"包打天下"的管理方式无法适应多中心格局的社会诉求，尤其是弱势群体的需求；另一方面，随着市场化改革的深入推进及全球化进程加速，资源配置的方式也发生了根本性变化，传统"机械管控"与当前市场化改革格格不入。凤凰山庄所在的多乐街，原本是一条市场自发形成的充满活力、内容丰富、承载年轻人记忆的街道，如若能从解决物质和社会性表象问题入手，探寻其深层结构性问题，以持续性、渐进性、开放性的动态与有机更新方式，该街区有可能蜕变为一条富于湖湘文化特色的街区，但由于受到传统城市更新观念的影响，而难逃拆除的命运。而这一决策结果的形成，在多大程度上考量到了各利益主体的需求主张呢？如何在各个权利主体之间寻求共同的需求主张，又体现各自的利益诉求，形成多元协同治理的路径，是迈向治理的城市规划领域值得进一步研究的课题。

回归理论层面进行总结，按照新制度经济学的相关研究，通过对不同交易主体各阶段交易成本进行分析以及借鉴相关领域的文献成果，可以总结出，在城市空间资源再配置过程中，交易成本分为六类，见表4-5，并根据项目报建员的调研为其赋予标准值和实际值，在景区改造的案例中，实际上整个项目过程是半途而废的，因此，多项值无法统计，但可以预见，由于产权分散及该项目进入了司法诉讼程序，导致项目交易成本增加。

表 4-5 城市空间资源再配置全过程交易成本分类表

序号	交易阶段	交易活动	交易成本	成本分类	成本负担方式	标准值	实际值
1	更新启动阶段	信息收集	信息搜集费用	信息成本	时间、精力	3	3
2		项目评估	会议决策费用	决策成本	时间、精力	2	2
3		初步方案拟定	材料编制费用	计划成本	时间、精力	2	2
4		产权人意愿征集	意见搜集费用	搜寻成本	时间、精力	3	5
5		意愿表达及相关材料的准备（意见搜集）	信息搜集费用	搜寻成本	时间、精力	1	1
6		意愿表达及相关材料的准备（决策过程）	决策费用	决策费用	时间、精力	1	1
7		寻找项目合作方	合作方搜寻费用	搜寻成本	时间、精力	2	2
8		物业权属核查	信息核查费用	信息成本	时间、精力	5	5
9		物业权属核查材料准备	材料编制费用	计划成本	时间、精力	1	1
10		实施主体申请材料的准备	材料编制费用	计划成本	时间、精力	1	1
11		计划申报材料的准备	材料编制费用	计划成本	时间、精力	1	1
12		计划申报材料的审核	审查费用	审查成本	时间、精力	2	2
小计						24	26
13	规划编制阶段	寻找规划机构	合作方搜寻费用	搜寻成本	时间、精力	2	2
14		单元规划制定计划审议并公示（审查过程）	审查费用	审查成本	时间、精力	2	2

续表

序号	交易阶段	交易活动	交易成本	成本分类	成本负担方式	标准值	实际值
15	规划编制阶段	单元规划制定计划审议并公示（决策过程）	会议决策费用	决策成本	时间、精力	2	2
16		编制单元规划方案	材料编制费用	计划成本	时间、精力、金钱	3	4
17		单元规划方案审核	审查费用	审查成本	时间、精力	4	4
18		单元规划审议并公示（审查过程）	审查费用	审查成本	时间、精力	2	2
19		单元规划审议并公示（决策过程）	会议决策费用	决策成本	时间、精力	2	2
小计						17	18
20	产权交易与报批阶段	制定实施方案	材料编制费用	计划成本	时间、精力	1	1
21		制定拆赔方案	会议决策费用	决策成本	时间、精力	2	2
22		拆赔协议谈判（信息搜集）	意见搜集费用	搜寻成本	时间、精力	20	40
23		拆赔协议谈判（决策过程）	谈判费用	协商成本	时间、精力	20	40
24		拆迁协议谈判	—	—	—	—	—
25		签订拆迁补偿协议（信息搜集）	信息搜集费用	信息成本	时间、精力	2	3
26		签订拆迁补偿协议（决策过程）	决策费用	决策成本	时间、精力	2	3
27		形成单一实施主体	预支赔偿费用	决策成本	时间、精力、金钱	1	—
28		单一实施主体审批核准	决策费用他	决策成本	时间、精力	1	—

续表

序号	交易阶段	交易活动	交易成本	成本分类	成本负担方式	标准值	实际值
29	产权交易与报批阶段	寻找设计机构	合作方搜寻费用	搜寻成本	时间、精力	2	—
30		编制建筑、景观及工程方案	材料编制费用	计划成本	时间、精力、金钱	5	—
31		建筑、景观及工程方案报批	会议决策费用	决策成本	时间、精力	4	—
32		建筑、景观及工程方案审查	会议决策费用	决策成本	时间、精力	10	—
小计						70	89
33	更新完成阶段	政府或委托第三方机构对建设情况的监管	决策费用	决策成本	时间、精力	2	—
34		竣工验收申请材料准备	材料编制费用	计划成本	时间、精力	1	—
35		竣工验收审核	决策费用	决策成本	时间、精力	1	
36		产权交易（产权买卖）	决策费用	决策成本	时间、精力、金钱	3	—
37		办理产权证	决策费用	决策成本	时间、精力	2	—
小计						9	8
合计						120	133

注：以上根据已有研究成果及长沙市范围内 10 位参与过项目报建的报建员填报的数据梳理，有部分疏漏。

4.2.3　延伸思考：低综合效益与高交易成本

1. 低综合效益

在快速城镇化阶段，城市规模快速增长，却面临着空间城镇化与居住、工业城镇化的困境，从而导致了在建成区存在着大量的存量空间资源。所谓存量空间资源，有广义与狭义之分，广义是指在城乡建设过程中已经占用或使用的空间资源，狭义是指城乡建设用地范围内利用不充分、不合理或产出地的空间或闲置未利用的空间资源。本书从研究高质量再配置有实现空间的角度选取其狭义概念。存量空间资源已经完成了初始资源配置，但从现实利用情况来看，其利用率较低，还有较大的提升空间，这里包括以划拨、招拍挂方式进行土地产权交易的用地，完成了产权交易为利用的闲置和临时用地，由于历史原因产权不明的用地，以及一些城中村，这些存量空间资源在城市中广泛存在。近年来，长沙市对城市建设用地内的零星用地进行了清理，并针对这些用地制定了相应的规划管控要求，这些用地与周边用地进行整合后，实现了空间资源的整合利用。所以，政府可以采取一定的政策手段，对存量空间资源以出让、转让、租赁等方式进行交易及优化配置。如长沙市在2018年启动"15分钟生活圈"建设工作，重点建设7大类共34项设施的建设工作，在《长沙市"15分钟生活圈"规划导则》中规定，"鼓励多渠道配置。在老城区内，鼓励通过租赁、购买、改建来增加公共服务设施供给，并鼓励设施适度兼容，提高设施使用效率，为避免浪费，鼓励机关大院、企事业单位、校区逐步向社会开放共享公共空间、绿地、体育场馆、停车等设施"。

根据《2017中国土地矿产海洋资源统计公报》，截止2016年底，全国建设用地为3909万公顷（合计390900平方公里）。根据《自然资源部关于2017年国家土地督察工作情况的公告》，2016年至2017年在山东、河南发现闲置和低效用地87.06万亩，在年底，两省通过整改盘活21.84万亩，仅占总量的25.09%。可见，用地闲置与低效已成为城市空间初始配置完成后的常态，如果能够通过政策鼓励、引导和规范这些闲置低效的存量空间资源的再开发利用与优化配置问题，则可以为"高质量发展"阶段的新型城镇化提供充足的空间资源。

2. 高交易成本

（1）再配置中的产权交易

空间资源再配置面临的是与增量发展完全不同的产权状态，空间资源使用权分散在多个使用者手中，并已经形成现实的利益格局。空间资源再配置的过程即多元产权主体产权交易和利益重新配置的过程。与初始配置相比，再配置的产权交易呈现出方式复杂化与多样化的特点。以拆除重建类城市更新改造为例，将其空间资源再配置过程简化为三个环节：①第一个环节是开发主体从原有产权人手中收购空间资源（房屋及土地产权）；②第二个环节是拆除原有房屋设施，将土地变为净地；③第三个环节是开发者获得净地，进行二次开发建设，实现空间资源的再次配置。

空间资源交易发生在第一个环节和第三个环节中，开发主体并非单一的，可能是政府，也可能是开发商，还有可能是原业主或其代理人。因此，再配置过程中的产权交易的双方，既可以是政府与原业主，也可以是原业主与开发商，还可以是原业主联合开发而不发生产权交易，同时，产权交易的主体既可以是两方，也可以是多方。然而，不管何种组合方式，交易成本总是存在，且方式不同，交易成本截然不同。

城市空间资源再配置过程中，无论选择何种交易方式，最大的变化就是政府不能完全按照自己的意志处置资源。政府即使作为交易的一方，也需要与其他产权人进行平等的协商谈判。除了以行政划拨方式取得土地、产权较为单一的国有企业旧厂区的搬迁置换等少数改造项目，政府仍有可能发挥较强的主导作用外（冯立，唐子来，2013），在其他交易过程中，政府并不总是居于优势地位。特别是在国家修改了拆迁补偿相关法律后，政府的权力空间被进一步压缩，城市更新改造越来越趋向于一个市场主体之间的交易过程。政府更多是充当“协调者”与“仲裁者”的角色，主要负责制定交易规则，维持公平环境和社会稳定，促使交易各方达成一致意见。在天马凤凰山景区的案例中，尽管政府立足于改善城市生态环境与品质，然而最终也只能与产权主体在制度的约束下平等对话。

另外，关于城市闲置空间和违法建设的处置，其本质也是一个产权交易过程，也面临类似的形势和问题。尽管在这个过程中，政府相比城市更新有可能发挥更强的主导作用，但同样也要经历与既有产权主体的艰难谈判和多重博弈。政府选择不同的处置方式，交易成本也有很大的差别。

（2）再配置中的收益分配及其困境

首先，城市空间资源再配置势必会产生相应的增值收益，而关于增值收益的获得和分配，是再配置的关键环节。增量规划的增值收益是由于土地用途的转变而固有的，而城市空间资源再配置面临的第一个难题就是如何获得更多的空间增值收益。没有空间收益的规划方案是无法实施的。这也是计划经济时期北京、上海等特大城市的人口难以疏解、旧城保护难以成功的根本原因所在。上海中心城“双增双减”政策的成功实施，更多依赖于外围新区新城开发的增量空间收益。在这个过程中，政府同时掌握着增值、增量收益，可以实现更大范围内的空间发展收益统筹、协调和平衡。而当前城市进行空间资源再配置时遇到的问题，是在空间扩张受到约束、缺乏外部增量收益支持的条件下，如何就地平衡空间损益。用地功能的转换和调整开发强度是当前空间资源再配置过程中获取增值收益的重要途径与规划调控手段。

其次，空间资源再配置是对既有利益格局的调整。与增量扩张不同的是，这种调整可能是非帕累托改变，导致有人受益，有人受损。如建成区中新修一条道路、新修一所中心、新增一个街道公园或新开一家生鲜市场，给不同位置的居民造成的影响是截然不同的。这种改变带来的损益是现实的、即时的，必须直接面对。因此，空间资源再配置中要解决的第二个难题，就是如何将获得的空间增值收益对受损者以合理的补偿，从而将非帕累托改变转化为帕累托改变。

其三，由于情况复杂多变，给业主造成的损益往往难以精确计算。加上产权界定的模糊、信息不对称以及业主机会主义行为的影响，达成一致意见十分困难。空间资源再配置的第三个难题，就是必须制定一套行之有效的规则，来减少交易成本。这既需要整体制度系统的顶层设计，也需要具体个案的操作性规则的探索。

一个好的更新改造方案的实施，有赖于一系列制度设计、统一的更新收益分配规则、清晰的更新前后的产权界定与归属，这样才能够大大降低规划编制与实施的交易成本(图 4-12)。

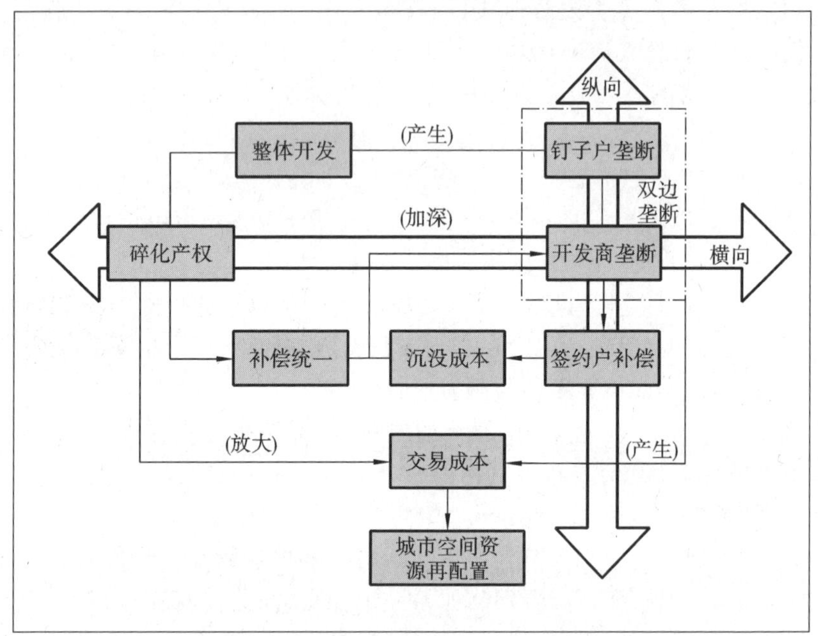

图 4-12 城市空间资源再配置中纵向双边垄断与横向碎化产权模型

(3) 规划与规则的协同整合

城市空间资源再配置中常用的规划方法与工具就是使用功能变更和开发强度调整，也是空间增值收益的重要来源。因此，空间资源再配置过程的空间设计就需要考虑产权交易。显然，在不同的政策工具与资源配置规则方案下，产权交易方式不同，其收益分配结果将不尽相同。交易方式的选择本身就是再配置过程中的城市规划的重要内容。从这个角度看，在空间资源再配置的过程中，空间设计与规则(制度)设计始终是密不可分的。

以综合整治、功能改变、拆除重建三种更新改造模式为例，它们既是三种不同的城市更新模式，也是三种不同的规划类型，实际上也是三种不同的产权交换方式：①综合整治基本不涉及土地的调整和产权置换；②功能改变涉及空间规划调整，但基本不涉及产权置换；③拆除重建既涉及空间规划调整，也涉及产权置换。因此，选择哪种方式对空间资源进行再配置，不仅是对规划方案的比选，也是对不同交易方式的选择。拆除重建采取的是产权归零、空间权益全部重新配置的交易模式，空间收益最大，但交易成本也最大。而综合整治和功能改变则是在原产权不发生交易的前提下，提高资源配置效率的工作模式。综合整治交易成本最小，但相应的空间增值收益也最小；功能改变介于二者之间。

对于闲置空间资源的处置，也存在多种方案的比较与选择。可以保留原产权人的使用权，但需要补办手续延长开发期限，或调整规划条件；也可以收回使用权重新出让，但需要给予原产权人必要的补偿，或进行空间资源。无论选择哪种处理方式，都将涉及对原有规划方案的调整。而此时修改规划，不仅关系到本空间的利益关系调整，还要充分考虑对周围空间的外部性影响。

对违法建设的处理，可以选择的办法和措施包括：①强制拆除违法建筑后，土地收归国有重新出让；②没收土地和房产，转为国有；③保持现状建设，处罚后补办手续转正等。但违法建设问题的存在，都有极端复杂深刻的历史原因。现实状况往往是合法建筑与违法建筑混杂，难以区分，权属不清，利益交织，矛盾冲突尖锐。因此，在规划编制与实施中，面临着巨大困难与挑战，规划师需要提前对规划实施过程中的交易成本提出预设。

空间资源再配置必须以现状产权为前提条件，在进行空间设计的同时，研究产权转移的交易成本问题，再进行相应的规划设计，这才是难点所在。

4.3　再配置主导期的双重困境

4.3.1　交易成本增加

在“增长主义”思想与土地财政制度搭配下，中国城镇化取得了举世瞩目的成就，其关键在于城市政府与开发商结成了“城市增长联盟”，形成了“先国有化、后市场化”的城市土地资源配置方式。长期以来，通过土地财政的制度安排，降低了空间资源交易的直接成本，通过政府强制力手段实现了资源的快速初始配置，完成了政府主导的低买高卖的土地交易。

随着《国有土地上房屋征收与补偿条例》、《物权法》等法律条例的出台，用地的门槛与交易成本提高，土地财政的正当性也受到质疑。政府通过征用方式获得土地更加困难，且付出的代价也越来越大。按照前文的假设，政府被视为理性的、追求效用最大化的经济人，可以对追求“高速度增长”阶段转向“高质量发展”阶段的制度变迁及配置的效用有更加深刻的认知。

本书借鉴政策分析中经济学常用的“成本—效益”分析方法，为使全文有较好的逻辑关系及政策工具制定前后具有可比性，建立了一个总交易剩余为 100 单位的效用模型，可以简单地理解为在配置前后，即土地产权被征用前和产权交易完成后，其价值一致，且为 100 单位（超过 100 单位时会产生负外部性），从而以更加直观简洁的方式研究不同的产权转移过程中产权人、政府、开发商等主体对总交易剩余的分配，并显示交易成本的变化情况。需要说明的是，模型中的部分数据仅为说明成本及效用变化的趋势，并不一定直接体现实际项目中的利益分配比例。

如图 4-13，在低交易成本阶段，政府收支差额较高，仅需支出(10 单位)的成本，即可获得极高的土地收益(90 单位)。随着国家制度体系的日益健全及民众的维权意识不断增强，尤其是物权法及补偿条例的出台(即图中的制度变迁阶段)，政府需要提高补偿标准(20 单位)并付出一定的行政成本(20 单位)用于谈判、说服工作，进入空间资源再配置高交易成本阶段，产权情况复杂，各种利益交织，且各类公共产品相对完善，在进行资源配置的同时，无形中又增加了公共产品供给的压力。如果沿用老方法，通过土地财政征收用地然后再进行更新改造，将会大大提高补偿成本(30 单位)和行政成本(40 单位)。随着城镇化水平的不断提升，其效率与效用面临双重下降，导致土地财政主导的产权征用方式难以为继。

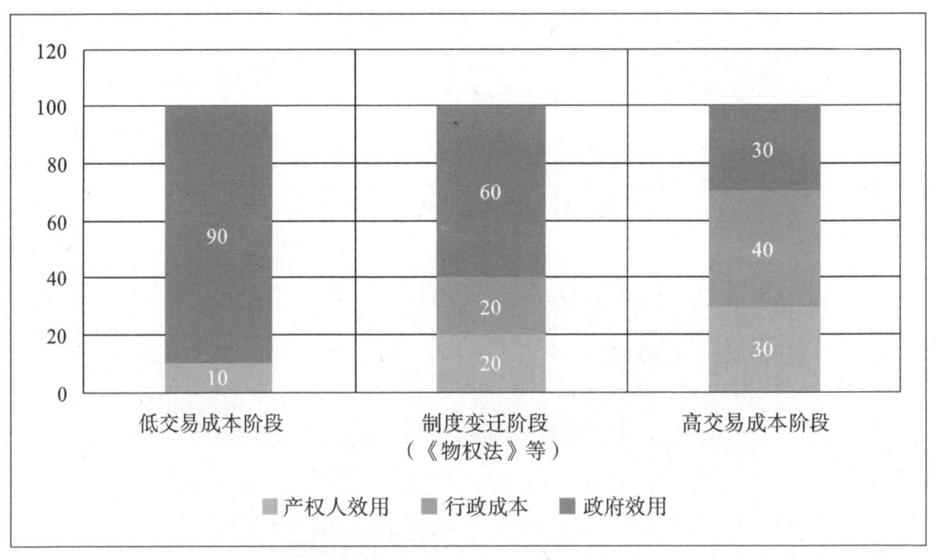

图 4-13　从低交易成本向高交易成本转向中政府与产权人的成本与效用

2016 年 7 月，长沙市茶子山村民安置拆迁，因村民代表大会违反法律规定作出强制拆除房屋的决议，街道在组织房屋拆除过程中疏忽大意，致 1 人死亡，岳麓区委书记、区长等 27 人被追责或立案侦查，引起了社会各界的广泛关注。实际上，拆迁问题已经不是一城一地独立存在的问题，这一问题已经演化为影响城市更新、城市空间资源再配置效用的关键。

按照科斯的观点，在清楚界定产权的前提下，利用市场机制，通过产权交易将较高的行政成本转化为较低的交易成本，将剩余资源转移到更高价值的用途上，可以创造更多的财富。然而，根据笔者的观察，在城市更新改造的过程中，交易对象的产权关系多数是比较清晰的(一般情况下，城市在更新改造前都进行了产权确认)，市场机制亦存在，但城市更新依旧踟蹰不前，因此，我们需要从存量城市空间资源的内因开始考虑，寻找困境背后的问题根源。

问题的症结在于，“如果某一资源必须整体利用才能实现最大价值，但此资源持有者众多，因所有者之间相互制衡，在合作难以达成的情况下，那么该资源就可能被浪费”。在凤凰山庄拆迁案中，35户业主中有27户签订了拆迁协议，然而，其他业主由于各种原因未签订拆迁协议，并以政府拆迁过程存在程序违法行为将政府告上了法庭，景区整体改造工作陷于停滞状态，最终政府败诉，法院宣布“涉及收回凤凰山庄27户居民国有土地使用权的部分无效”。这是涉及城市空间资源再配置案中比较极端的一个案例，虽然拆迁几经波折，但最终通过法律途径形成了一个结果。在茶子山拆迁案例中，项目启动1年多，共34户村民达成协议签约，但仍有11户未完成签约。6月3日，当地社区（村）委员会启动自治程序，召开了代表大会，63名代表表决，达成11户房屋拆迁的决议，并向街道办事处提交了《关于请求支持强制拆除茶子山村重建地项目龚雪辉户房屋的报告》，后街道办研究制定了《茶子山村“两安”用地项目协拆行动方案》，决定于6月16日8时对房屋进行强制拆除。然而，由于工作人员的疏忽大意，当时并未发现房屋中有1人，最终导致了流血事件的发生，岳麓区相关责任人受到了处分。

总体而言，两个案例都体现了在城市空间资源再配置过程中的主要特点，产权主体分散、利益诉求未一致、耗时长等，“凤凰山庄”案例历时近2年，最终未能拆迁成功；“茶子山”案例历时也将近2年，虽最终拆迁完成，但各方都付出了巨大的代价，被拆迁人更是付出了生命代价。本书再次借用“成本—效益”分析模型，对两个案例的情况进行模拟。

从图4-14可以看出，在“凤凰山庄”拆迁案中，整体的效用由于拆迁过程中存在的利益分析等产生了交易成本（15单位），对于产权主体而言，理论上其效用是有损耗的（当然，从后期效果来看，由于未拆迁，而使得业主自然而然地居住在国家级风景名胜区的二级景区中，其效用可能会增加，在本分析中，按效用受损假定）。在茶子山案例中，由于拆迁过程中被拆迁户的坚持及拆迁操作中的疏忽，导致政府、被拆迁户、开发商的效用都受损。在理想状态下，产权界定清晰，在统一的拆迁补偿标准下（30单位），能够以较低的交易成本（10单位）实现产权交易，社会总效用将会大大提升。

当前政府过分依赖土地财政，一边通过“征地—拆迁—卖地”的路径不断造城，导致城市以“摊大饼”的方式扩张，另一边却不得不面临着城市中越来越多的闲置、低效用地。如此循环往复，成为新时代城市空间发展的矛盾与困局，如何通过政策创新转变空间资源的产权安排方式，开源与节流并举，走集约节约发展道路才是根本路径。新阶段城镇化要取得突破，首要的任务就是盘活城镇存量建设用地，解决效率的问题，为转向“高质量发展”提供动力支撑。

经济学意义上的城市规划，就是通过有效的空间资源配置，实现空间资源交易并以此实现效率最大化。城市规划不仅需要设计出空间资源配置效率的最优方案，而且需要通过合理的制度设计实现资源的转移（向高效使用者的转移）。由于

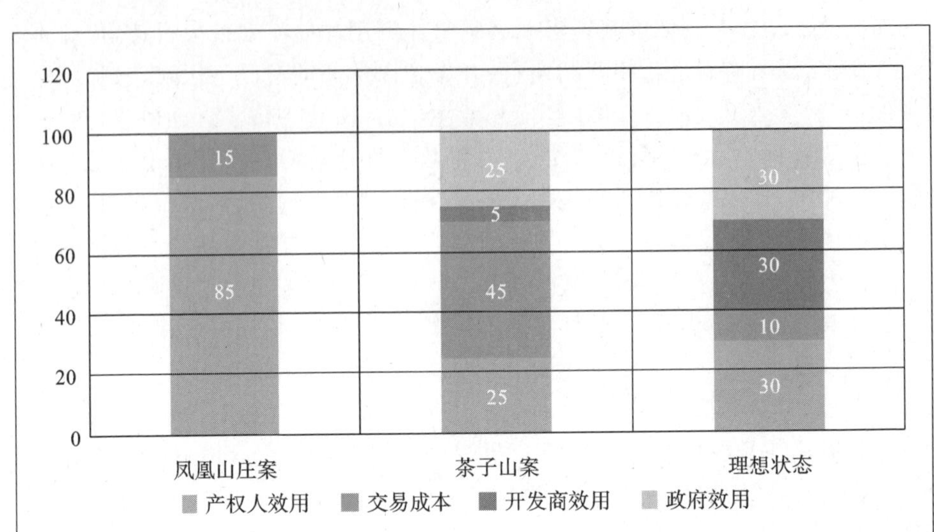

图 4-14　长沙两个改造案例的成本与效用分析

交易成本存在，市场机制无法自动发挥作用从而实现资源的最优化配置，而交易成本的大小受制度的影响，由于初始产权状态未必是最优的制度安排，为了保证更高效率生产者获得资源的配置权，需要通过制度创新来降低交易成本。

无论是资源初始配置时期的城市规划还是优化配置过程的城市规划，其工作内容都包括两部分：一是设计空间；二是设计空间的交易方式。前者是涉及空间工程的技术过程，主要关注空间的生产成本，重视投入—产出效益分析，目标是追求空间资源配置效益的最大化。后者则是一个政治过程，主要关注产权转移实现的交易成本，要设计一套规则，力求将交易成本降到最低。资源初始配置时期的城市规划与优化配置过程的城市规划相比，在空间生产方面，除了建造成本外，都包含对原产权人的补偿成本，只不过一个是支付给农民，一个支付给原业主。虽然补偿标准不同，但属于同样性质的成本。由于初始产权状态不同，在进行产权交易时，其交易方式和交易成本也不同，这是资源初始配置时期的城市规划与优化配置过程的城市规划的本质差别。

4.3.2　综合效益受限

2000 年前后，城市化和住房、土地市场化改革的推动，促进了地方政府利用土地现实诉求的转变。在此之前，政府一直通过提供廉价土地实行招商引资，将土地作为招商的重要砝码。其实在招商过程中，政府作为土地经营者，并未从土地经营中获得额外的收入，而是通过发展工业获得增值税收入，因而具有“税租合一，以税代租”的特点。数据表明，在 1998 年以前，全国土地价格是呈现下降态势的，真正的地价增长始于 2001 年。2007 年以后，工业用地也开始普遍采用招拍挂方式出

让后，工业用地价格开始快速增长。

笔者依据《中国统计年鉴》、《中国国土资源统计年鉴》及《全国财政收支情况》等权威统计资料，对 2003 年（2002 年原国土资源部发布《招标拍卖挂牌出让国有土地使用权规定》）以来地方财政收入与国有土地使用权出让的收入进行了数据统计。数据显示，2003 年，国有土地使用权出让收入首次超过 50%，当年地方财政总收入 9850 亿元，国有土地使用权出让的收入为 5421 亿元，并在接下来的数年维持在 50%左右。2010 年，该比例达到 67%。近年来，该比例逐年下降，2015 年降至 40.56%，表明当前国家的经济社会发展阶段在转变，地方政府对土地财政的依赖程度正在逐步下降，见图 4-15。

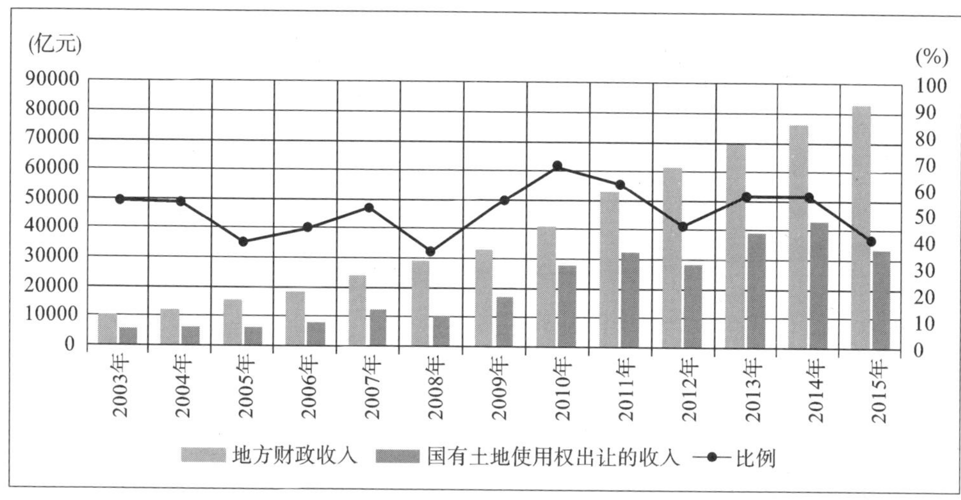

图 4-15　2003—2015 年地方财政收入与国有建设用地权出让收入关系

另外，笔者梳理了 2003—2015 年以来“国有土地使用权出让的收入”与“征地拆迁补偿等成本支出”两个指标的数据，见表 4-6。通过比较分析可以看出，2003 年土地出让收入中有 63%作为“征地拆迁补偿、土地出让前期开发、补助被征地农民等成本性支出”，此时土地出让的纯收入还是可观的。近年随着城镇化进入了高质量发展阶段，土地出让的成本越来越高，2011 年土地出让成本占比从 2010 年的 49%跃升至 74%，在 2012 年达到 82%，并逐步稳定在 80%以上，可以看出，土地出让的成本的增加也倒逼地方政府寻找新的经济增长点与转变增长方式。

表 4-6　2003—2015 年中国国有土地出让情况梳理表

年份	地方财政收入	土地出让规模/万公顷	国有土地使用权出让的收入/亿元	征地拆迁补偿等成本支出/亿元	土地出让收入占地方财政比例	土地净收益占比	单位面积出让价格/(元/m²)
2003	9850	19	5421	3442.21	55.04%	63.49%	280.03
2004	11893	18	6412	4072.38	53.91%	63.51%	358.82

续表

年份	地方财政收入	土地出让规模/万公顷	国有土地使用权出让的收入/亿元	征地拆迁补偿等成本支出/亿元	土地出让收入占地方财政比例	土地净收益占比	单位面积出让价格/(元/m^2)
2005	15101	16	5884	3699.92	38.96%	62.88%	360.53
2006	18304	23	8078	5099.64	44.13%	63.13%	347.43
2007	23573	23	12217	7675.32	51.83%	62.83%	539.37
2008	28650	22	10260	6647.8	35.81%	64.79%	463.62
2009	32603	22	17180	9825.53	52.69%	57.19%	778.06
2010	40613	29	27464	13395.6	67.62%	48.77%	935.12
2011	52547	34	32126	23629.97	61.14%	73.55%	958.70
2012	61078	33	28042	22881.84	45.91%	81.60%	843.63
2013	69011	37	39073	31435.35	56.62%	80.45%	1042.50
2014	75877	28	42940	33952.37	56.59%	79.07%	1548.51
2015	82983	22	33658	26844.59	40.56%	79.76%	1496.58

深入分析土地出让成本不断增加的原因，笔者又梳理了2003—2015年土地出让规模与收入，分析发现导致成本增加的原因在于土地单位价格的提高，2003年，每平方米的用地出让的价格为280元，2015年为1497元，增长了近4倍，见图4-16。

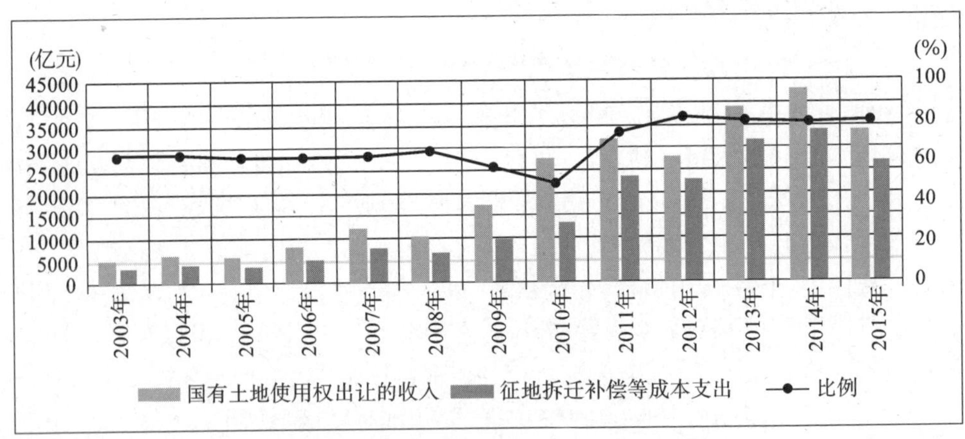

图4-16　2003—2015年国有土地使用权出让收入与支出对比

当前，这种状况已经慢慢出现了变化。根据相关课题研究显示，地方财政收入中房地产相关税收占比与日俱增，以往土地出让金占地方财政收入高比重的情况已不再出现。

显然，为了实现更加高质量的城市空间与城市发展并协调平衡各利益主体之

间的博弈关系，其关键就在于创设一种城市空间资源产权运行的制度设计，既实现空间资源的最优化配置，又能在行为主体之间的利益分配博弈中找到一个均衡点。在这一制度设计下，所涉及的经济利益、生态利益、社会利益、公共利益等方面，都达到最优化配置。

按照奥尔森的集体行动理论，为充分推动城市空间资源再配置进程，面对社会阶层分化、多元社会需求平等和利益集团介入等造成的多样的社会冲突，如何创设一套行之有效的制度，协调各主体的多元利益诉求，寻求空间资源的科学、合理、公平、高效的资源再配置方式，是当前城市空间治理领域面临的一个棘手的问题。

4.4　本章小结

本章承上一章的分析路径，以新制度经济学为理论基础，分析了以空间资源初始配置为主导的高速度增长到以再配置为主导的高质量发展的转变中的特征、问题及挑战。

本章借引入的 2 个案例分析了由政策工具高效激励与低交易成本向政策工具低效激励与高交易成本的转变，城市空间资源经历了从以追求增量扩张的初始配置向补短板、提质量的再配置阶段过渡。

首先分析了梅溪湖土地整包模式，其特点在于有效的政策工具激励与低交易成本。然而，随着新时代的到来，逼近变革的临界点，通过引入凤凰山庄拆迁案例的分析，分析了在空间资源再配置过程中的问题——高交易成本与政策工具的低效激励。

最后引出了问题的症结所在，即在再配置下交易成本增加与利益激励乏力的双重困境之下，为下文理论框架与路径应对奠定了基础。

第5章　治理框架：城市空间资源再配置的产权激励

5.1　再配置的产权激励：一种柔性的空间治理模式

在改革开放初期，政府依靠城市规划建立起来的刚性管控路径，运用国家权力，牢牢掌控城市空间资源的配置，通过政策、命令等方法掌握了空间资源配置的绝对主动权，这种一元化的治理格局混淆了公域和私域的界限，模糊了公共空间与私人空间。传统技术工具型规划忽视了多元化价值诉求，多种诉求交织在空间载体之上，从而使得规划实施过程变得复杂，但技术工具型规划往往只关注某一方面的诉求，规划师已经养成了在"一张白纸"上做规划的习惯，习惯于通过规划的奇思妙想与技术设计来抽象利益主体的真实需求和空间发展的真实潜力，却不会投入更多的精力对空间的社会属性进行研究，从而导致规划的不适应。随着我国经济社会改革进入深水区，权威政府依靠城市规划来集中管控城市资源配置已经越来越不适应现实情况，特别是进入21世纪以来，社会问题与社会矛盾日益凸显，规划越来越需要考虑城市规划各主体利益，成为一种基于规划落地的政策工具。笔者以为，这是一种柔性治理的体现，城市规划从刚性管控走向柔性治理是时代趋势。

本书所创设的产权激励的路径，正是柔性治理的一种体现，相对传统的政府管控方式，柔性治理旨在让政府从高高在上的权威治理走向协作。正如哲学家老子所言："弱之胜强，柔之胜刚，天下莫不知，莫能行。"柔性治理的思路与本书的研究亦是不谋而合。如笔者在一篇关于空间治理的文章中所讨论的一般，"守柔"、"用柔"将是城市规划方法转变的方向。从空间治理角度看，"无为"是治理的基本方法论原则，而"守柔"、"用柔"则是无为治理方法的具体应用和延伸。老子以"贵柔"、"守柔"、"柔弱胜刚强"等柔弱思想为基础，提出了治理的柔性思想。柔性治理思想又可分为"守柔"和"用柔"两个方面。"守柔"是指规划师对待自身而言，要求其主体性不要过分张扬，以避免把规划师的主观意识强加给被治理对象，做到"以百姓心为心"；"用柔"是指用柔弱而不是刚强的治理方式，做到"柔弱胜刚强"。柔性治理本质上是"以人为中心"的非强制性治理，又称为"人性化的治理"。

总之，城市规划绝不是一项技术或科学活动，规划也不是一门非此即彼的自然

科学，而是“对社会价值的权威性分配、重大公共利益的决策和社会重要利益的制度性分配”，是一项对空间资源配置及其收益进行分配与协调的政策工具，因而在制定规划时，需要充分考虑空间上的多元权利主体的利益诉求，这要求规划师从刚性技术思维转向柔性技术思维。

产权激励就是从刚性治理转向柔性治理的一种路径，对城市空间资源再配置而言，希望采用柔和的产权激励治理方式进行空间治理，不断激发多群体参与城市空间治理的主观能动性，通过调动积极性顺利完成工作。柔性治理的重点在于教化、协调、激励和互补，这恰好从本质上解决了当今规划因参与度不广而产生的公平性、公开性和公正性问题。柔性治理使得各个主体能够积极参与、投入到空间治理的全过程。

5.2　再配置的产权激励机理

综述研究，城市空间资源再配置过程的产权运行也是一种“投入—产出”的社会经济过程，包括产权界定、产权安排和产权运营三个方面，而配置效率是衡量这一过程的重要指标。从前面的分析可知，通过提高产权运行收益、降低交易成本来提升效率显得尤为重要。

①产权界定方面。前文已经进行了分析，明晰的产权界定对产权的转让或买卖起着至关重要的作用：首先，如果城市空间资源已经有明确、清晰的主体，就不会造成资源的掠夺性经营，引起一些不必要的法律纠纷，以免大大增加交易成本；其次，在明确产权主体的前提条件下，按照相关规定对其权能及其相应的享有的权利进行清晰的分割与界定，则会大大减少中间产生的管理费用；最后，还要保障产权人相关权能，如转让权，因为只有拥有了转让权，才能进行产权转让或买卖，否则会导致交易受阻，进而增加交易成本。

②产权安排方面。其实关于产权安排对配置效率的影响主要体现在两个方面：一是市场主体对不同交易方式的比较和权衡，显然，不同的产权安排产生的交易成本的数量与程度都是不同的；另一方面，交易主体受产权安排的制约，以企业交易为例，当企业规模一定时，企业交易替代市场交易能降低交易成本，但随着企业规模的增加，企业内部的交易成本也随之增加。因此，只有保持一定的企业规模，使得其交易成本最小时，才能实现最优的产权安排。

③产权经营方面。产权经营对配置效率的影响主要体现在三个方面。第一，产权经营就是产权主体对财产权利的使用，而这种权利的使用直接关系到交易成本的高低。比如在股份制企业，经理有财产使用权，但如果经理不善于使用这一权利，就会增加财产风险，从而增加交易成本。第二，产权经营也意味着资产收益的获得和分配。主体在产权经营过程中有一定的资产处置权和资产收益的分配权，

若权利的运用和分配得当，就会产生权利激励约束兼容，从而调动大家的积极性，降低生产消耗和交易成本，提高经营效率；反之则会降低经营效率。第三，产权经营还意味着主体（可以是所有者，也可以是经营者，视经营方式而定）对资产的市场选择。其选择的依据是等价交换，平等竞争，效率优先。如果产权主体不能按市场原则行事，或者说违反市场经济规律，则会面临生产成本和交易成本增加的境地，进而直接影响资源配置效率。

以上从产权界定、产权安排和产权经营三个方面论述了产权经营与配置效率之间的关系，虽然体系较大，但在中国当前的产权制度环境下，正如科斯所言：权利的界定和产权的转移大多是同步完成的。科斯还认为，中国改革开放所取得的巨大成就，正是因为中国采取了简便和快速的产权界定方式，通过将土地产权包括所有权（国有）、使用权、收益权和转让权等进行了界定，这些产权在土地征收与土地招拍挂制度出台之前是不清晰的，然而在完成了初始配置之后，产权已经厘清，得到了清晰的界定。

综上所述，在中国的产权制度环境下，实现产权激励的现实性条件有两个方面：一是通过合理的产权安排制度创新来降低交易成本；二是通过产权经营的制度创新来实现总效用增加。

5.3 再配置的产权激励方式

根据以上分析，提升效率的途径有两条：一是借助产权制度安排，界定并规制产权运行过程的交易成本，激励私人资本主动进入城市空间资源再配置市场；二是有意识地以制度创新的方式提升私人资本在产权运行过程中的运行收益，以一定的利润作为“诱饵”，解决利益激励不足的矛盾，以制度激励供给。正如德姆塞茨所说：“将外部性转化为内在化的激励是产权的重要功能之一。”

从经济学分析的角度来看，要实现产权激励就需要有一套行之有效的创新制度，使得资本按照“成本—收益”权衡，按一定行为原则作出最优决策与选择：以地租激励土地，以利息激励资本，以利润激励企业，使生产要素主体积极参与再配置过程。如专利制度的建立，正是鼓励知识创新的产权制度才促使人们不断为技术创新作出努力。

关于通过类似的激励措施鼓励城市空间再开发、再配置在国外已有不少成熟的案例，可以供我们在研究及实践中参考借鉴。

①美国受益者付费制度。美国大部分土地归“私”，其主要的方式就是以税费形式和区划管控手段来激励城市空间资源的多元化开发，如美国高线公园开发案例，就是通过一定的税费手段，将原本城市中的铁路高架桥改造成了著名的高线公园。这种方式的核心在于基于再分配的受益者付费制度，政府通过回收土地实现

自然增值。同时，政府在受益者付费制度基础上采取适当的优惠政策以激励工业用地盘活。

②英国规划得益制度。英国土地产权跟中国具有较大的相似度，其激励措施也具有一定的借鉴意义。在英国，土地产权归属国有。英国主要通过规划得益制度让开发者通过规划激励的政策受益，如伦敦金丝雀码头的改造就是很好的案例，政府通过授予新城建设公司独家的开发控制规划权、土地获取权等，并以市场需求为导向，根据内外环境的变化而动态、系统性地调整规划，最终使得金丝雀码头成为世界金融中心。

③新加坡土地税收优惠制度。与英国的国情不同，新加坡的特点在于土地政府所有和公共租赁两项制度让政府得以控制大部分土地的开发权和收益权，政府需要做的就是给予一定税收优惠制度，以此来激励低效用地的盘活。

从美国、英国和新加坡不同的激励措施可以看出，美国以费为手段，新加坡以税为手段，其本质在于通过激励提升再分配效率，进而鼓励空间资源的再利用，而英国则通过规划得益方式，政府让利于市场，以此激励各主体参与城市空间资源的盘活。

在我国，随着城市化进入一个新阶段，诸多学者也开始积极探索激励措施来“催化”城市空间资源的再利用与再配置。张俊（2007）提出，空间资源盘活后的收益应分为初始分配和再分配两个层次，并建议以租、税、费和管理手段为方式的框架来鼓励空间资源盘活；罗琦（2005）以福清市的存量用地为例，通过实证研究分析，提出了免土地出让金的方式来“催化”土地盘活；葛琪和苏振民（2009）则提出满足一定条件的城市空间再开发地块，可以申请容积率奖励政策，以此来提升土地的集约利用水平。岳隽（2009）则以深圳市的存量空间开发为例，基于用地现状及用地结构，提出了以税收杠杆来促进有限空间资源的再开发，并适当减免再开发过程中的税收；胡士戬等（2009）综合性地提出了类似英国的规划得益和新加坡的土地税收优惠政策工具，并明确提出了基于土地规划、用途管制等规划工具和土地税收、土地出让金等税收优惠政策工具，以政策工具的方式给予城市空间资源再利用的弹性，以激励空间资源的盘活，见图 5-1。

在城市规划领域也有越来越多的学者关注通过政策工具来鼓励城市空间的再利用，如于洋（2004，2016）、严若谷（2011）、黄晓燕（2011）、赵燕菁（2014，2016）、洪国城（2015）、何子张（2016）、何鹤鸣（2017）、林强（2017）、邹兵（2013a，2013b，2015，2017）等，对城市更新与城市空间再配置的政策工具方面进行广泛的讨论与深入的研究。通过研究发现，普遍的共识在于城市空间资源再配置涉及多元利益、多个环节，需要通过好的制度安排以降低交易费用和交易成本，增加总剩余效用，实现再配置效率的提升。

结合国内外的研究，本研究从两个角度提出了产权激励的制度创新：一是通过制度创新以降低交易费用；二是通过制度创新增加总效用。如图 5-2，与实际状况

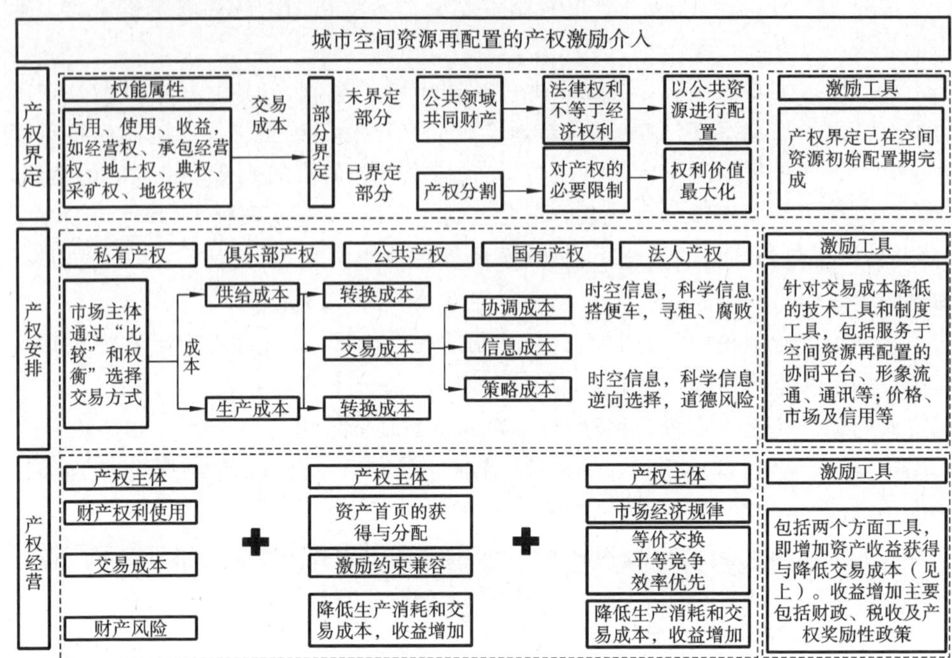

图 5-1　产权激励的激励工具体系及其逻辑

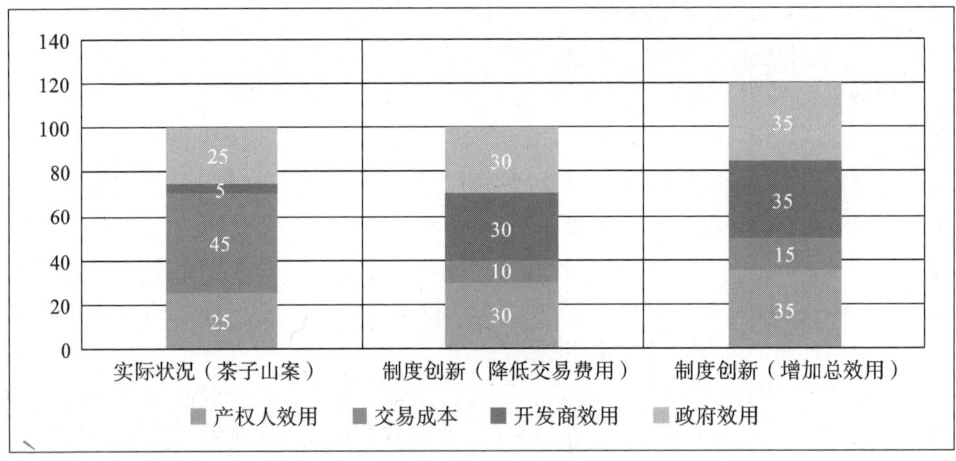

图 5-2　产权激励条件下的成本与效用分析

对比，在两种制度创新背景下，各利益主体均能获得较好的效用。

在第一种制度创新情形下，通过合理的产权安排来降低交易费用，如允许房屋功能的转换与兼容，城市中心区的工业厂房，在不改变原有建筑结构的前提下，允许改变使用性质为商业或其他功能，不仅能更好地使原产权人获益，也可能为公共产品供给提供更多的空间。因此，通过制度设计降低了交易成本，将原本高昂的交易成本降低后的效用分配至产权人、政府及其他利益主体。如图 5-3 所示，主楼是 20 世纪 70 年代时由红砖筑成的一栋机器厂的老厂房，现在被改造成了独具特色的文创社区，通过建筑使用性质的变化实现了资源的再配置，也实现了该地块功能的转型升级。

图 5-3 由 20 世纪 70 年代的机械厂老厂房改变功能后成为文创社区

在第二种制度创新情形下，通过制度设计改变总效用。如果按照原来的更新或配置方式，可能产生的总效用只有 100 单位，但是通过制度设计，使得产权总效用达到如图 5-2 所示的 120 单位，一方面随着预期效益的提升，使得各参与主体的积极性提升，从而为更快达成共识提供了基础；另一方面，随着预期效益的提升，各参与主体在再配置过程中所获得的效用将会提升。比如，在长沙市进行棚户区改造过程中，设计了“四增两减”（增加公共绿地、增加公共空间、增加配套设施、增加支路网密度，减少居住人口密度、减少开发强度）的政策工具，不仅通过提升局部地块的容积率，实现了居民的就地安置，更扩建了原来的市级重点小学，增加了绿地空间与支路等。原本一个矛盾集中的改造通过政府的制度设计而得以顺利实施。

数据表明，改造后将有以下 6 个方面的变化：①增加公共绿地，改造后公共绿地面积大大改善，总绿地率为 45%，绿地面积达 10800 m^2，城市环境与居住品质得以改良；②增加公共空间，通过清水塘小学增加绿化公共空间，增设 200 m 标准跑道运动场，临八一路退让建设宽敞的城市广场；③增加教育设施，清水塘小学扩建至 18 个班，新增可对外开放的小型体育馆；新增两层地下停车场，面积约为 35200 m^2，停车量约为 780 辆；④增加支路网密度，改造后清水塘路由原来 12 m 拓宽至 26 m，增加两条支路，分别为 16 m 和 12 m；⑤减少居住人口密度，采取部分就地安置、部分异地安置方式，以保证人口密度在合理的范围内，改造后居住人口密度为 600 人/公顷；⑥减少开发强度，改造后建筑密度大幅下降（图 5-4）。

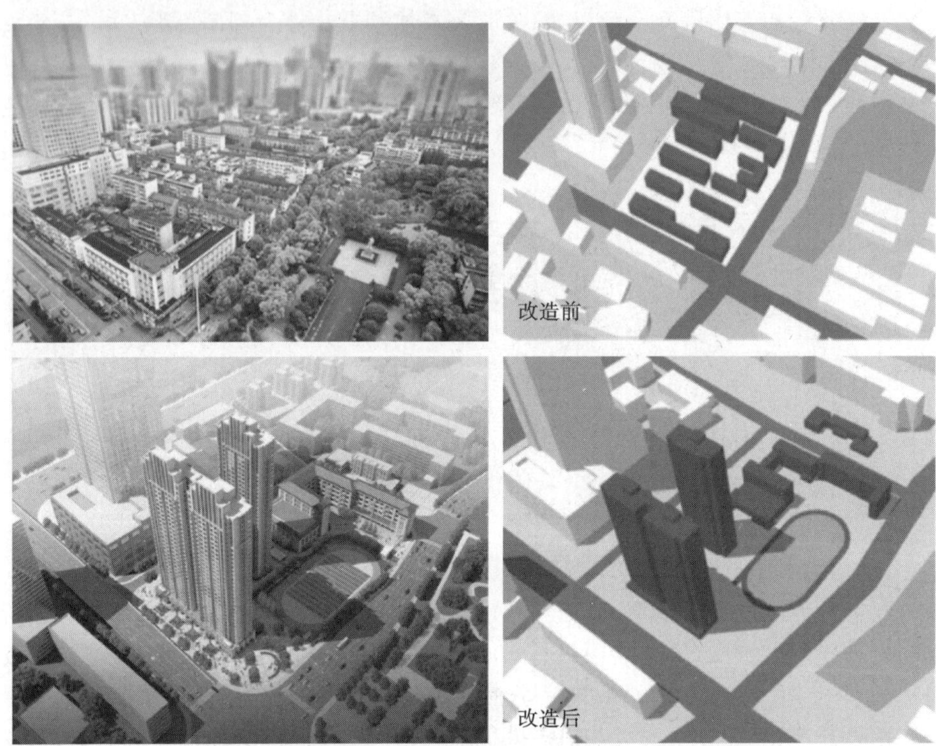

图 5-4　长沙市清水塘炮后街改造前现状与改造后效果图

5.4　再配置的产权激励逻辑

不同类型的城市空间资源，再配置的难度是不一样的。伴随着经济社会的发展，城市空间资源的财产权利关系也在不断地变化，而且呈现出复杂交织的局面。因此，不同的产权制度安排与激励措施，将会影响到原产权人及新产权人参与产权交易的积极性。结合当前中国的土地出让方式，主要分析划拨和出让两种用地方式。

对于通过划拨而使用的空间资源而言，一旦进行产业结构的升级调整，原单位搬迁、破产、单位取消、改制等，这些处于城市较好地段的空间资源将被城市土地储备机构收购，再进行配置。这个过程看似顺畅，但是在实际操作中却存在较大难度。从政府的角度来看，这些划拨的资源本来就是国家的资源，政府在某一时期为单位的发展提供了用地，现在单位要破产、要搬迁、要转型，这些用地按理可以由国家无偿收回。但站在资源占有者的角度，却觉得心理上吃亏，导致城市存在大量半闲置性质、低效的用地。如某工业棚户区，按原有的用地性质已不适应当下经济社会形势的需求，但要以低价返给政府却又心有不甘，因此，这些工厂的架构依然存

在，然而却无法进行实际生产，有的用地已经闲置了十多年，形成了城市稀缺空间资源的巨大浪费。另外，虽然按照《城市房地产管理法》和《国务院关于深化改革严格土地管理工作的决定》的相关规定，原有划拨地按照市场价格补缴土地出让金后可进行经营性开发，但实际操作中，政府往往期望通过用地的再配置过程实现利益最大化，许多城市规定"只能由政府收回再出让"。这样一来，原产权人就无法直接参与再配置中利益增值的分配，进而导致了他们更愿意选择保持现有闲置与低效利用的状态。在再配置的利益分配制度未发生改变的前提下，原产权人会以各种方式阻碍政府回收该土地。从产权的角度来看，由于在划拨之初并没有清晰地界定划拨土地使用者对于划拨土地的权利，为再配置埋下了隐患。而地方政府在财政与公共利益双重压力之下，不得不精算资源账，强调一个口子供地，并未从柔性治理的角度，以高效再利用为出发点来制定相应政策，损害了划拨土地产权人的积极性，直接导致了这一类用地再配置难的问题。

对于通过出让而使用的空间资源而言，其最大的难点与划拨用地不一样。相较于划拨，已出让的土地其政策更加清晰，但存在的问题是，除非所有产权人自行投资进行更新重建，否则就需要进行联合开发或转让，这就需要对现有空间资源的产权价值进行评估，而难点在于产权人对于价值的评估结果的认可以及分配方式达成统一。按照中国《城市房地产管理法》和《城镇国有土地使用权出让和转让暂行条例》的相关规定，当土地使用期限届满时，可以申请续期，但需要按照规定支付土地出让金及重新签订合同。但问题是"按什么标准缴纳出让金"，显然没有明确的规定，不同的估价方式（如按当时的市值估算价格还是其他方式）在很大程度上会影响其转让和再利用。

通过以上两种情况的分析可以看出，城市空间资源再利用与再配置受阻的原因在于制度制约，即不完善的产权安排。清晰的产权安排将让产权人对自身所拥有的资源价值有比较清晰的判断，对未来收益有精准的预期。只有在这种精准的判断和预期下，产权人才有动力在一定制度框架下寻求资源利用的更佳方式，进而促进空间资源利用效率的提升，这是一条最基本的经济学原理。

本书的研究在于从空间规划的政策视角，为空间资源再配置过程提供一些政策工具，从而激发市场的积极性，为再配置提供动力机制。通过系列政策工具，让原产权人对于其手中的产权有较为清晰的判断，激发原产权人通过再配置的途径对资源进行再利用与盘活，起到产权交易催化剂的作用。

产权激励并非作为规划治理工具的新兴事物，如美国区划法及中国香港等地通过制定容积率奖励政策激励城市更新改造与资源再配置，北京、上海、广州、南京、无锡、长沙、杭州等地也出台了相关奖励性政策，但综合来看，国内通过奖励来促进城市更新、激励城市空间资源再配置还处于起步阶段，尚未形成政策集，且激励的方式比较粗略。按照国内外实践，结合我国当前的土地与空间管控政策，及前文所研究的两种形式，从城市规划的角度看，可以概括为三种主要激励方式：一是允许关于功能变更的激励；二是进行容量奖励；三是准许空间置换。本书结合城市空间资源再配置的三种主要激励方式，创设了三种不同的产权激励的政策工具，其核心为使用权的交易及其收益权的激励作用。

通过政策设计，提出在城市空间资源再配置过程中设计产权激励政策工具，以政策工具创设空间治理的新环境，从而为更好发挥政府"看得见的手"与市场"看不见的手"的作用，形成合力，为新时代的城市空间提供更多的路径选择(图 5-5)。

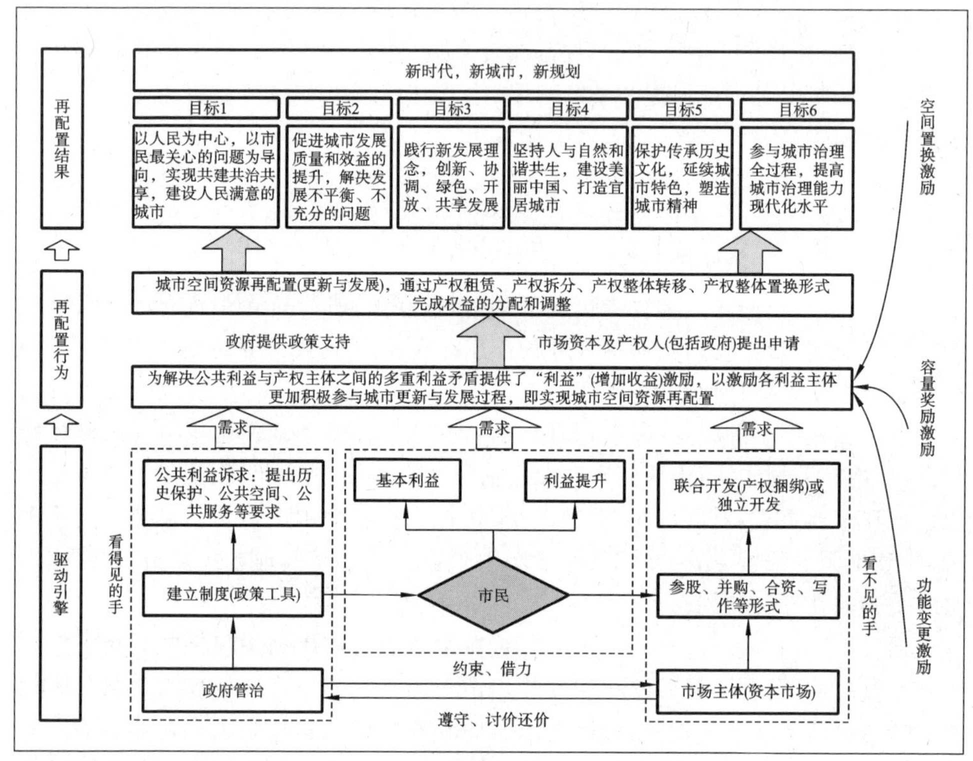

图 5-5　城市空间资源再配置的"产权激励"的路径

再次运用前文所构建的政策分析的"成本—效益"模型分析这三种激励方式，可以看出：功能变更激励偏向于激励产权人，而政府也通过功能变更实现产业的转型发展，实现地区的更新改造，此政策的最大特点在于通过激励使得产权人看到效用增加空间，从而间接减少中间谈判的交易成本；容量奖励激励在于激励产权人与开发商，政府以一定的奖励额度来刺激市场与社会，让总效用得到增加，既降低了交易成本，又提升了总效用，形成多赢的局面；空间置换激励在笔者看来是一种解决空间治理过程的外部性的一种最优手段，特别是在当下城市发展与环境保护双重高质量的政策要求下，既能形成保护，又可实现发展，因此，在理想的效用模型中，其最大的特色在于各主体能够看到巨大的利益空间，从而激发其积极性。从政策适用性的角度看，三类政策工具的适用情形不受限，既可单独使用，又可组合使用(图 5-6)。

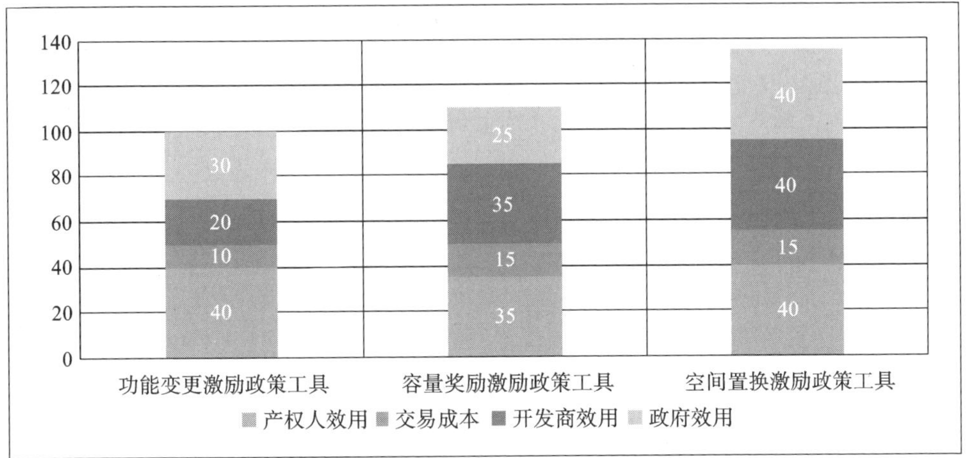

图 5-6　三种激励政策工具下理想的交易成本与各主体效用模拟分析

5.5　再配置的产权激励收益分配

2018 年 3 月 26 日，一则“乡贤回乡捐建别墅送村民，分不出去”的消息，被各大网络媒体转载。官湖村乡贤陈先生为感恩乡亲，出资为村民建设别墅 258 套，首批 158 套建成后，却面临分不出去的尴尬局面。关于此案例的讨论也引出了一个与本研究有关的话题，即再配置过程中的收益分配问题。

假设之前官湖村的总效用为 100 个单位，由于乡贤陈先生的投入，使得总效用增值为 400 个单位，在外人看来，所增加的这 300 个单位应该换来一个多赢的结局，然而却面临着分不出去的局面，延伸至本研究，可以理解为通过产权激励的政策工具让各利益主体获得的效用增加，却因未建立行之有效的收益分配制度而陷入无效。

总之，城市空间资源再配置的增值收益是各利益相关者参与再配置的根本动因，收益分配机制对各利益相关者起着关键性的激励作用，虽然本章通过研究发现，一定的产权激励政策可以实现总效益增加或交易费用降低，但如果没有有效的制度来保障收益分配的公平性，可能会导致总收益增加却未能实现公平分配的问题，影响再配置效率。

关于空间资源再配置的收益分配问题是再配置研究中无法忽视的问题，虽然本研究的重点并不在此，但需要通过梳理相关的研究文献，对分配问题给予原则性的要求，关于再分配问题的研究梳理如下。

毛泓等(2000)指出空间资源收益分配的依据就是明晰的产权，也就是产权在各主体之间的配置；罗丹等(2004)提出在进行收益分配时，科学、客观及公平的分配标准是前提，只有标准是公平公正的，才能确保再分配的公平公正；何芳(1996)提出了按类型进行分配，她认为对于拆迁安置及补偿类的收入，应归原土地产权使用人所有，而市政配套类则应该按照“谁投资、谁受益”的原则进行分配，而对于土地出让金则由中央和地方各级政府共同所有；通过梳理可以发现，大多数学者认为应根据空间增值的属性来确定收益归属，如杜新波等(2003)认为空间资源增值应分为地租增值和土地资本增加两个部分，其中地租增值应归国家所有，而土地资本增加，应遵循“谁投资、谁受益”的原则；莫俊文等(2004)通过研究城市空间置换的开发收益构成，认为经过置换后产生的投资新增值应分配给投资者，而其功能性(如用地性质的改变)增值则归地方政府所有，而自然增值应归国家所有；当前，有学者运用地租理论、产权经济学、社会学、法学等理论进行收益分配的规范性研究，也有学者通过博弈理论进行研究(胡士戡等，2009)，如王文革(2005)通过研究所有者和使用者的博弈分析后，主张通过明确利益构成分配方案及流向来进行博弈管制，以此解决分配问题；李文斌(2007)则通过研究不同收益分配方式的效率提出了对土地开发净收益进行分成可以最大化实现空间资源再配置的效率。

综合来看，有关空间资源再配置“增值收益”的归属问题一般有如下三种观点。

一是“涨价归私”的观点。该观点主张空间资源的自然增值归原土地所有者所有，从产权公平的角度出发，强调土地产权的完整性，这种收益分配方式以 20 世纪 60 年代以前的美国为代表。

二是“涨价归公”的观点。该观点主张空间资源的自然增值基本归国家所有，这种收益分配方式以英国为代表。后来美国经济学家乔治也提出了“涨价归公”的观点，在他看来，只有增值收益归公，才能更好地用于支付相应的公共服务，更好地实现城市发展，这与美国采用征收费的方式让“受益者付费”来鼓励城市空间资源再利用的制度是一致的。英国是世界上最早设立土地产权的国家，英国政府对土地增值收益进行回收的方式并不是通过土地价值税，而主要采用“规划得益”(planning gain)的方式。对规划申请人(主要指开发商)的额外收费，可以是实物、现金支付，或是某种权益，这种机制也成为“规划义务”(planning obligation)。从经济属性上看，可以认为是土地增值的回收方式。各国家和城市“涨价归公”的土地利益分配机制归纳起来有两个特点：①收益的归属取决于产权归属，土地的增值归属于全社会所有，增值利益分配遵循“谁投资、谁收益”的基本原则；②分配方式灵活且有一定的弹性，综合市场机制、法规制度管控与公众参与等多种手段。

三是“涨价公私兼顾”的观点，由周诚教授(2006)首创，他认为应该“公平分配农地自然增值——在公平补偿失地者的前提下，将土地自然增值的剩余部分用于支援农村建设，以不同形式惠及其他在耕农民”。在具体的实践上，“涨价公私兼顾”与“涨价归公”和“涨价归私”在本质上并无区别，这种分配模式以法国为代表，法国在 1975 年颁布的《改革土地政策的法律》中，创立了“法定密度极限”制度和

“土地干预区”制度，兼顾了涨价归公和涨价归私两者之间的关系。“法定密度极限”规定了容积率上限，按照规定，上限以内的由所有者处理，而超过上限的部分归国家所有。新加坡的城市土地收益是城市公共设施和社会服务的主要来源，土地增值收益通过征收土地财产税和开发收益费实现。按照相关规定，在新加坡通过“变更使用分区”、“增加密集率”或“规划比率”等方式实现土地增值时，须缴纳增值部分 50%的开发收益费。中国香港允许土地租约人申请土地用途变更，但租约人必须向政府缴纳一定数额的用途变更费。这一费用的实质体现了政府对土地增值收益的获取方式。

按照地租理论，城市经济发展、人口的增长等因素对有限土地需求的影响不断增加，但土地的稀缺性决定了城市土地经济供给的有限性，从而产生土地供不应求的现象，并带动土地价格增长，由此形成的增值地租可解释为城市绝对地租；由于城市规划和建设投入，以及城市内部用地结构优化与环境优化形成的地租可以解释为城市级差地租。而由于对土地产权的垄断，根据“谁拥有、谁受益”的原则，城市绝对地租和城市级差地租都应该归产权人所有。我国土地产权框架下，该产权人应为法定年期内的用益物权人，即划拨或出让转让建设用地使用人。因为国家已经向土地所有权人让渡了法定使用年期内的土地产权及其收益。直至使用权期满后则由土地所有权人收回土地享有增值。

因此，笔者借用学者何芳的观点，认为城市空间资源的整体增值利益应该由土地用益物权人，即原使用权人获得。

5.6　本章小结

本章的核心在于搭建城市空间资源再配置的产权激励的理论框架，按照第 2、3 章所开展的理论研究与现状问题分析，提出了在城市规划与空间治理领域中的产权激励如何作用于城市空间资源再配置过程，重点对产权激励的条件与激励方式进行了讨论，并基于现行的规划管理框架构建了一条产权激励的实现路径，同时也结合实际案例对产权激励后的收益分配进行了讨论。

第6章　治理途径:城市空间资源再配置的产权激励工具及执行

6.1　城市空间资源再配置的产权激励实施

6.1.1　城市空间资源再配置的空间实现方式

根据前文的界定,初始配置与再配置实际是城市发展的两种形态,也是与城市开发与再开发相对应的经济学概念。城市空间资源初始配置是空间形态由农地转化为城市用地,即初始开发利用过程。而城市空间资源再配置的过程基于初始配置,以资源优化配置为准则,对用地类型、功能结构和空间布局等进行调整,即城市空间再利用过程,城市空间资源再配置通过城市更新得以实现,根据国内外研究与实际情况,分为三种主要空间实现方式,即综合整治、拆除重建和功能改变。

1. 综合整治再配置型

综合整治是一种城市空间再利用的方式,不涉及主要建筑及房屋的拆迁,不改变原空间布局与主体结构等,通过规划与设计手段达到建筑美化、环境净化、配套功能完善、空间品质提升的更新改造。综合整治的对象主要是现状整体情况或运营状况相对较好,但对城市规划实施、城市环境和景观空间有一定影响,且近期内尚不需要拆除重建的城中村、旧工业区和旧城区。这些地区需要通过各种综合整治的手段来进一步激发活力,挖掘土地潜力,提高土地价值。

综合整治的目的在于通过各种不涉及建筑拆迁的手段,来提升空间品质和环境质量,见图6-1,一般来说,主要采取以下三种方式。

①建筑翻新:通过穿衣戴帽工程进行房屋返修、外墙整饰;通过搭建花架、屋顶绿化、墙面贴砖等方式美化建筑形象;通过加固建筑结构,修缮楼内破损残败部分,如粉刷内墙、维修楼道、保养电梯等翻新建筑内部;通过全部建筑的修葺工程,使整体空间形式和谐统一,并与周边或城市整体景观相协调。

②公共空间改善:通过增加绿地,种植配搭相宜的花卉树木、修建雕塑小品来改善绿色环境,美化空间景观;因地制宜地增加文体活动广场、球场、儿童游园、休闲公园等公共开放空间,为市民停驻游憩提供场地;通过在公共活动场所内增加各类设施来改善公共空间的景观环境和保障空间使用的舒适性。

③基础配套设施完善：结合实际情况增设并完善图书阅览室、医疗卫生站、文化活动室、社区公共服务中心、老年活动中心等公共服务设施；更换或修缮排水管道、电网、通信网络等与居民生活密切相关的市政基础设施；全面改善公厕、垃圾站等环卫设施，减少环境卫生污染；按标准完善社区在消防、防洪、防涝、防灾等公共安全方面的设施配建，消除安全隐患；打通断头路，梳理道路交通体系，提高交通疏解能力；改善路面质量，增加停车场地，完善社区内的交通指示系统，局部增加公交线路和增设公交站点等。

图 6-1　长沙市都正街历史街区更新前与更新后对比图

2. 拆除重建再配置型

拆除重建是指对更新范围内的现有建筑物进行拆除，重新建设或者加建，较彻底地改变更新范围内的建筑形态和空间布局，实施更新需符合城市、片区的发展定位，城市规划的用地性质（改变或不改变用地性质），以及满足城市建设的标准，改造后按照相关规定可以取得完全产权。拆除重建主要适用于以下情况：在城市更新单元内土地使用权期届满前，对原空间低效利用或闲置的状态进行调整，或因设施改造、设施配建的公共需求，或因规划需要而改变原用地使用性，及其他需要拆除重建的空间。如使用权人主动提出拆除重建，根据城市规划改变或不改变用地性质，进行相应的地价补交、土地使用期限计算、产权交易等手续。

拆除重建的对象主要位于城市已建成区域范围内，包括建筑破旧老化、居住环境恶劣的旧村，建筑质量差、配套设施不足、不能满足现代生产需要或城市发展的需要进行功能置换的旧工业区，以及早期修建的、不符合现代居住区标准且影响城市整体功能优化调整的旧居住区，见图 6-2。

3. 功能改变再配置型

功能改变是指通过对用地性质的变更调整，改变建筑的使用功能，但不改变产权归属管理，并在保留建筑主体结构的前提条件下实现空间资源的再利用。功能改变主要是针对位于城市中心地区、地铁站点周边地区、重要产业园区等城市重要发展地区内，根据发展要求已经在规划中作出功能调整的旧工业区和成片厂房。这类旧工业区厂房的建筑年代较近，建筑结构经过评估可作为其他功能使用，或者建筑规模较小、产出效益低、空置率较高；对周围环境如居住、商业、交通等城市功

图 6-2　长沙市潮宗街片区(万达广场)改造前后对比

能产生较大影响，需要通过用地性质调整和建筑功能置换来实现片区的功能升级，通过改变原使用性质来完成空间资源的再配置，将其打造成为更符合当前城市发展与城市规划所规定的功能类型，通过改变功能实现片区产业的更新升级与整体效益的提升。

当前，在城市中存在着通过租赁、购买、改建来实现设施配置的现象，如将办公楼改为医疗建筑，将住宅、厂房、仓库改作养老院，将架空层进行封闭作为公共活动空间、配套服务等，这些变更对城市老区的功能激活与完善有积极作用。厦门曾厝垵城中村通过"居改非"进行功能激活以及厦门西堤别墅改咖啡街(赵燕菁，2016)的案例具有很强的代表性。如图 6-3，长沙市冷柜厂将原来的生产车间改成羽毛球馆，产权主体通过变更获得了利益，提高了参与的积极性。

6.1.2　产权激励在城市空间资源再配置过程的实施程序

城市空间资源再配置是新时期的一个大课题，它具有政策性强、区位特征明显、权责及利益关系复杂等特点，从可持续发展的角度而言，必须完善相应的配套立法机制加以保障。城市空间资源再配置作为快速城市化背景下空间规划和空间资源循环开发利用的一种重要措施与手段，已在国内外进行了较好的探索与实践，且能有效地解决其城市发展用地需求和土地增量供应的矛盾。国内外经验表明，制度保障体系是重要的基础保障，当前设计空间资源配置的制度环境，既涉及《土地管理法》《城乡规划法》及《城市房地产管理法》等，又涉及有关城市更新、空间规划、土地流转等专门的法律、部门规章等，因此各领域明确规范政府、企业及其他组织、居民社区(农民集体)等主体的权责利益关系，是一项空间规划与空间资源配置

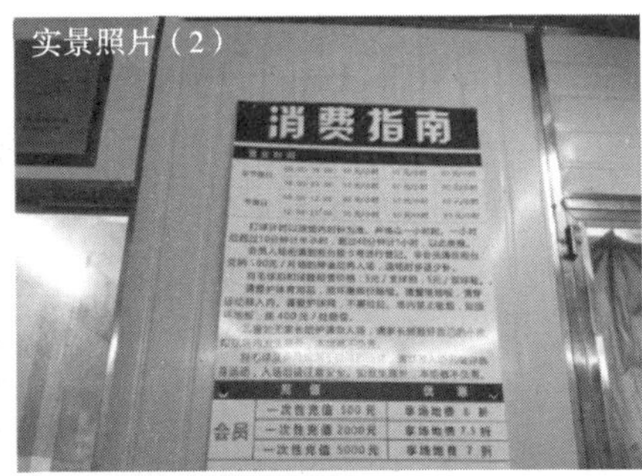

图6-3　长沙市冷柜厂生产车间改为羽毛球馆

领域的系统性改革。本书的研究基于当下的制度框架，以“地方治理创新的可行性”为出发点，进行政策工具设计，为全面改革提供案例。

在本研究所构建的政策框架中，市场在资源配置中起决定性作用，政府以公共政策引导、规制市场行为。产权激励的对象是市场主体，而激励行为的发起者则是政府，政府在厘清各利益主体权责关系的同时，构建权利人利益共享的合作机制，甄别区分权利主体类型，譬如原土地所有权人包括政府（国有土地所有权行使主体）、原农民集体组织与社区居民（集体土地所有权与使用权行使主体）等，以及再配置市场中的其他权利类型譬如开发权、他物权、居住权等主体。

简而言之，本研究旨在探索一项有关城市空间资源再配置的公共政策体系，政府主要围绕空间权利保障的政策机制，以产权为核心，以利益激励为目标，创设政策工具。

将城市空间资源再配置过程，即城市更新的流程进行整合，分为以下四大阶段（图6-4）：①第1阶段是更新启动阶段，该阶段的主要工作是达成共识，统一划定更新单元，并编制年度更新计划，上报市政府；②第2阶段是规划编制阶段，这一阶段的工作核心在于编制更新规划，而更新规划中最重要的工作在于划分更新类型，并提出可选择的政策激励工具，一旦政策工具选定，则按照相应的程序进入下一阶段工作；③第 3 阶段是产权交易与报批阶段，这一阶段是产权交易的实施过程，比如交易前的确权工作，达成相应的补偿协议，并落实相应的激励政策，取得相应的许可证，并开工建设；④第 4 阶段是更新完成阶段，这一阶段将通过市场化的手段完成空间资源的再配置，全过程完成。

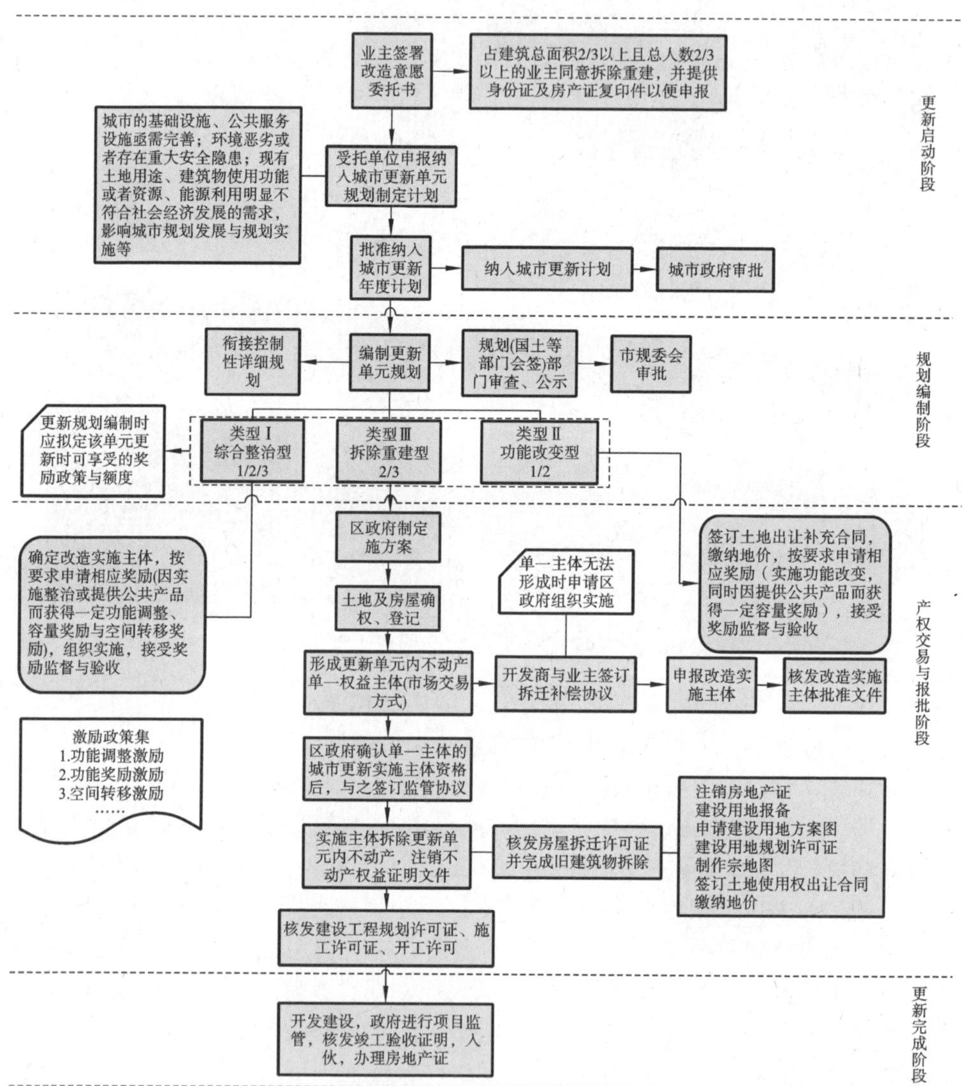

图 6-4　基于产权激励的城市空间资源再配置全过程运行

6.1.3　产权激励政策工具执行程序

产权激励政策执行的主要流程如下(图6-5)：由城市政府牵头成立一个服务性质的第三方机构，主要作为产权激励的第三方操作平台，负责提供市场信息、寻找合适的资源，保证产权交易过程中信息对称、弥补产权主体(主要指个体产权人)谈判能力弱等现实不足；同时，该机构负责城市空间资源的集合与交易，确保交易以市场运作为主、政府引导为辅。按照以上的制度框架，建立市区两级产权激励的实现平台，保证交易的公平性、合法性和稳定性。一般由政府或原土地权利人提出相应的激励政策意向，经过协商后，原产权人共同提出申请(申请需满足三分之二的多数人原则)，并将申请报告提交平台受理，交易平台协同区级政府审核，同意并启动相应的更新规划。对于空间置换类奖励申请，先由转入区的产权人提出空间置换申请，并由交易平台协同土地规划管理部门对需求区和供给区进行资格核准，并明确相应的置换量，确认后进行公示。一旦转移协议达成，则原需求区和供给区从空间置换数据平台中删除，表明该项政策已使用。

6.2　城市空间资源再配置的功能调整激励工具

6.2.1　政策工具的适用性分析

1. 国内已有相关政策

随着城市不断发展，内城区大量的企业转型、转移和升级，旧城老化，致使工业用地、老旧城区面临更新盘活的局面，然而，现有的土地收储制度却抑制了原产权人通过合法途径进行空间资源再利用的意愿，导致动力不足。但是，经济人的逐利本性会通过另外的方式来实现，于是城市里出现了将厂房改为办公楼、商业区、酒店，学校和住宅“破墙开店”的现象，客观上，这种由市场主体发起的空间资源的再利用行为提升了空间资源的利用效率，但却陷入了制度缺失的困境。

其实政府也意识到了这类问题的产生，并采取了应对措施。2008年，国务院办公厅就发文(国办发〔2008〕11号文，《关于加快发展服务业若干政策措施的实施意见》)支持中心城区污染大、占地多等与当前城市发展和功能定位不匹配的工业企业逐步退出，并支持在不改变土地用途和使用权人的前提下发展信息产业、研发、创新创意等现代服务业；北京和上海也发文鼓励支持盘活城市空间资源、发展创意产业，与国务院办公厅的政策中关于用途和使用权人可暂不变更的要求一致，支持划拨用地单位利用工业厂房、仓储用房、商业街等发展创意产业。2014年，国

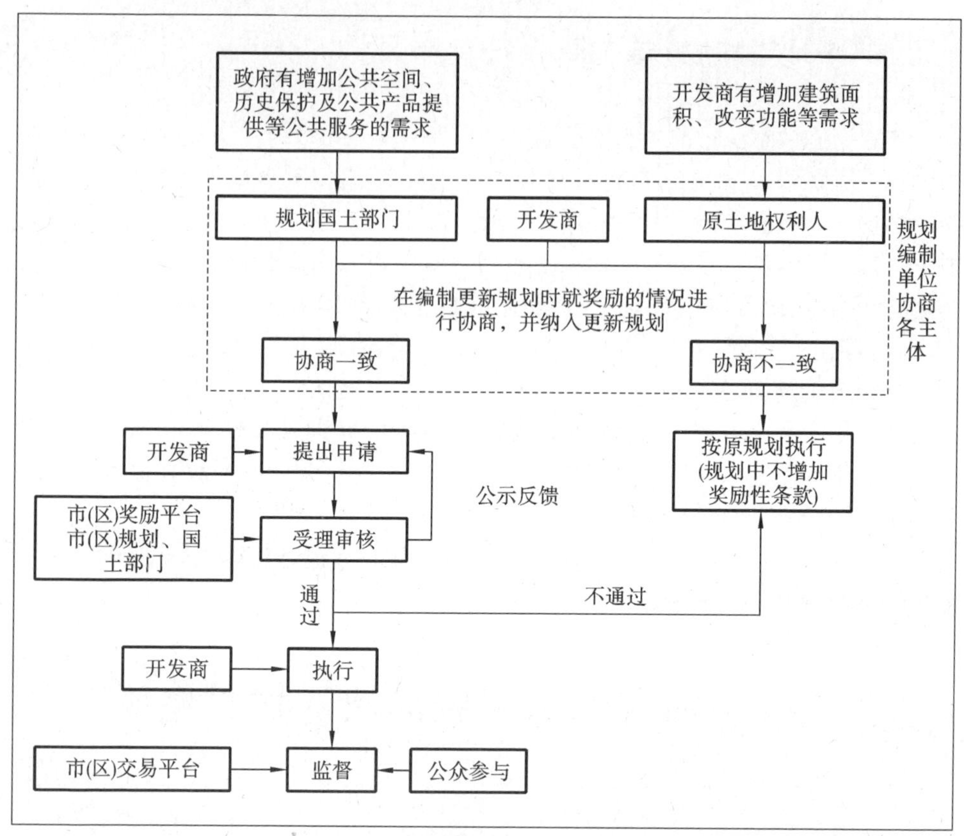

图 6-5　激励政策执行流程

务院再次发文通过政策鼓励存量房和土地来推进文化创意和设计服务业等第三产业的发展。2016 年，长沙市出台政策文件支持天心文化产业示范园的发展，文件明确指出“鼓励利用闲置老旧厂房、场地和废弃设施打造文化创意聚集地”，同样，在明确用途和使用权人的前提下，支持划拨土地产权持有人利用现有存量房产和原有土地兴办文化创意和设计服务产业。经营一年以上、符合划拨目录的，按划拨办理手续；不符合划拨目录的，可按协议出让办理手续。2017 年，宁波市北仑区颁布了关于盘活存量用地实施的政策文件，鼓励通过“协商收回”、“鼓励流转”、“协议置换”、“退二优二”、“退二进三”等方式全面实施再开发工作。鼓励用地单位进行内部潜力挖掘，明确在“符合规划和不改变用途的前提下”，现有工业、仓储用地经批准实施拆建、改扩建、加层改造、利用地下空间等途径提高容积率或建设配套停车楼(库)，不增收土地价款，免缴增加面积的城建配套费。国有出让工业用地在不改变土地用途、建筑规模、房屋主体结构的前提下，经批准临时改变房屋用途用于商业服务业(包括经营性的养老、医疗、健康、文化、教育、体育、信息、研发设计等行业)的，可保留其原土地登记用途，不作变更登记，每年按该地块所在区域新用途基准楼面地价与原用途差价的 2.5%缴纳土地收益金。通过出让方式取得的仓储、

科教、医卫慈善、新闻出版、文体娱乐等其他用途土地临时改变房屋用途，可参照办理。在出让合同无约定、已通过竣工验收且不影响使用功能并满足安全性的前提下，经行政主管部门审核，允许工业、仓储和用于科研的科教用地分割转让，分割转让最小用地单元不得少于 5 亩且受让方须符合产业政策。

可以看出，经济发展方式转变和产业结构调整要求对日益紧缺的空间资源进行优化配置，在城市发展迅速，经济发展、产业转型急迫的城市，城市空间资源的再配置和盘活的需求尤为迫切，因此，上海、深圳、广州、南京、杭州、长沙、北京等城市自发开始了政策变革的探索，试行优化制度供给，其他城市也纷纷出台了许多政策鼓励存量建设用地的盘活。而这些政策的本质就在于通过政策支持来降低企业成本，同时给予相应的激励以激发市场动力，因此本书所提出的功能调整的政策激励工具有现实基础与适用性。

2. 政策适用性

功能变更也会带来利益的变化，用途、功能与容积率也有一定的相关性。土地性质改变后，业主通常会获得更多的收益，因此涉及向政府补交地价等活动。在目前工业用地的更新过程中，功能转变的限制可以说是特别大的一个困境。比如北京 798 艺术区，其实从法定意义上来看都是一些不合规则的非正式更新行为。那里原来是制造业用地，但是现在新的文创业态做的都不是制造，如果修改控规用地性质——这显然无法预测和应对文创产业的发展需求和特征。因此目前类似的工业遗产利用，很多都是以这种非正式方式开展的。

当下，一些创新的政策性激励方式不断涌现，比如“放宽用地的功能兼容性”，如果规定住宅用地有 30%可以自由进行办公、商业或是其他功能开发，这样不用通过法定调规程序就可以实现很多事情。另外就是弹性用地，在用地性质转化方面，如果规定办公和商业用地的性质可以相互转化，那么也不需要调规，业主就可以在办公用地做不下去的情况下，直接改为商业用地或商住用地等。这可以极大限度地降低用地性质调整的复杂度和程序难度，减少不必要的性质调控。

当前，存量用地盘活方面的政策和利益等息息相关。在我国目前的用地管理体系下，规划变更土地功能就意味着这块地变成了一块新地，要开发就必须上市招拍挂。例如，一个老工厂的用地业主，他可能很想将土地改作其他性质开发，但不会这样做——因为一旦变成非工业用地以后，就要上市招拍挂。业主可能拍不回自己的地，所以业主宁愿不更新。

在城市空间资源再配置的政策设计中，可以运用产权理论，创设产权激励工具：通过用途变更、功能复合增加产权运营收益选择，创新资源再配置的途径。从产权激励的角度，可通过“易”、“增”权来提升产权运营收益，创设如建筑用途变更、使用功能兼容等激励性政策，使产权主体获利，激发各主体的活力与积极性。

6.2.2 政策工具设计

1. 用途变更，提升城市空间资源的市场适应性能力

建筑用途的变更并非简单的功能改变，其经济、社会和文化价值也会发生改变，涉及法律、经济利益及社会等方方面面，需要进行系统化的制度设计。从治理的角度出发，需要提前针对每一种变更制定更加细化的要求，包括环境、卫生、消防、安全等的评估，以及是否需要补交土地出让金等，在满足一定要求（如停车位要求、对周边交通的影响、与规划控制指标的关系、相邻建筑的日照、周边建筑的环境、原建筑物承重结构等，不能为了解决一个问题而产生更严重的问题）的前提下，允许建筑改变其使用性质，通过制定不同建筑功能之间的变更许可制度来鼓励设施的供给，以达到通过规划治理手段来实现设施供给的目标，见表 6-1。

表 6-1 建筑使用功能变更导则

新性质	原性质				
	住宅	办公楼	商铺	厂房或仓库	建筑架空层
卫生医疗	不宜	允许	允许	禁止	禁止
文化活动	不宜	允许	允许	允许	允许
体育场馆	不宜	允许	允许	允许	允许
居家养老	允许	允许	允许	禁止	不宜
政务办公	允许	允许	允许	不宜	不宜

2. 功能兼容，强化城市空间资源的服务复合性水平

当前城市中存在着如小学运动场、高架桥下闲置空间、绿化隔离带等空间，这些空间的产权清晰，但使用受限，比如学校运动场多由学校单独使用，高架桥由于安全问题而闲置，绿化隔离带由于受到规划标准的限制使用功能单一，这些散布在城市各个角落的空间，如能加以“兼容”使用，不仅可以增加这些空间的直接经济效益，同时也会延伸其相应的服务功能，如长沙市在 2010 年颁布了《长沙市城区中小学体育场地假期公休日免费向社会开放方案（试行）》，规定第一批 20 所中小学体育场面向办理会员活动卡的周边居民和中小学生免费开放，由财政补贴和体育彩票的收益进行资金补贴，以鼓励更多的学校开放运动场地。2015 年，浙江绍兴越西路高架下建起了 3000 m^2 的特殊运动场，通过专业机构运营，使城市的“边角料”的价值被激活。从治理的角度，以制度设置兼容性与复合使用的原则，鼓励在绿地中兼容体育设施、道路与交通设施用地允许兼容文体活动场所，如结合高架桥桥下空间布置开放型的体育活动场所供周边居民使用；布置养老设施、儿童游乐设施等，形成街头游乐场或街头俱乐部。通过使用功能的兼容增加投资的利益，以激励更多公共产品供给（表 6-2）。

表 6-2　不同用地使用功能的兼容性

新性质	不同用地							
	居住用地	公共管理与公共服务设施用地	商业服务设施用地	物流仓储用地	工业用地	道路与交通设施用地	公用设施用地	绿地与广场用地
卫生医疗	允许	允许（A7、A8、A9 除外）	鼓励	允许	允许	禁止	禁止	禁止
文化活动	允许	允许（A5、A7、A8、A9 除外）	鼓励、（B4 除外）	禁止	禁止	允许	禁止	鼓励
体育场馆	允许	允许（A7、A8、A9 除外）	允许	禁止	禁止	允许	禁止	鼓励
居家养老	允许	不宜	允许	禁止	禁止	禁止	禁止	禁止
政务办公	允许	允许（A7、A8、A9 除外）	鼓励	禁止	禁止	禁止	禁止	禁止

6.2.3　政策工具激励效用预判

综上分析，产权激励可以为有效解决公共产品的供给提供一种制度路径，利用产权激励在减少和降低交易成本方面的重要作用，人们着眼于长远利益使用资源，刺激资源的有效使用及增进资源的收益，从而实现资源高效配置。通过对产权激励的分析，面对公共产品的需求与供给的矛盾，利用制度经济的工具来激励非政府力量积极参与公共产品供给，对于优化空间资源配置、促进基本公共服务的均等化，提升居民的获得感具有重要的现实意义。

6.3　城市空间资源再配置的容量奖励激励工具

6.3.1　政策工具的适用性分析

1. 国内已有相关政策

从已有的文献来看，上海是我国最早提出容量奖励的城市，2003 年就在其技术规定中明确提出了容积率（容量）奖励。目前，除我国香港、澳门及台湾以外的省会城市中，有一半以上的城市都相继制定了相应的容积率奖励政策，奖励的条件也由原来的提供公共开放空间逐渐丰富，总体看来，有以下三种类型。

①第一类是关于提供公共开放空间的奖励。关于公共开放空间的奖励也有两种情况：一是对于通过建筑的底层架空向社会开放作为公共开放空间的，可以不计容；二是对于提供公共广场和绿地的，可以给予相应的容量奖励。

②第二类是关于提供公共服务设施的奖励。开发商如能够代建医院、中小学、公厕、警务室、公共停车场等基本公共服务设施的，可以获得相应的容量奖励。

③第三类是关于提供其他公共利益和改善城市建成环境的奖励。如南京规定单体超过1000 m^2且符合节能国标的建筑，就可享受0.1～0.2的容积率奖励；长沙市在2012年规定新建全装修住宅可享受住宅面积3.0%～5.0%的容积率奖励；广州市对于提供保障性住房和历史文物保护维护基金的项目可获得容积率奖励。当然，出于城市空间管控的整体要求，政府在制定奖励政策的同时，也进行了相应的限制，以避免开发强度过高的现象。

2. 政策适用性

容量奖励的本质是对空间发展权益的调整，国内外政策探索也较多，但未能进行全面推广的关键在于收益分配问题未能达成共识。在美国等土地私有制国家，因容量奖励所引起的收益增值归原产权人所有。而在我国，由于城市土地的所有权属于国家，且产权人所获得的收益是由规划所确定的用途、容积率和高度等开发要求决定的。表面上，政府拥有城市空间资源的开发利用与管控权利，不涉及容量奖励后的利益分配问题，但实际上，正是由于所有权与用益物权的分离，使得城市空间资源在再利用中产生的收益分配问题更加难以协调。在现有的制度环境下，城市空间资源再配置面临开发建设、公共利益及规划管控的多重矛盾，城市政府又面临着财政压力，使得调动市场主体的积极性来进行资源再利用成了一个较优选择。因此，本书借鉴国内外容量奖励的相关经验，在现有的制度框架下，寻求规划政策的创新：一方面通过一定资源环境承载力的条件允许一定的容量奖励，充分激发市场；另一方面，更需要协调好公共利益、政府公信力、开发商资本增值诉求及原产权人之间的关系（洪霞，2013）。

无论从当前已有政策的情况，还是对于现状问题的分析，容量奖励政策的研究与实施都有其必要性与基础，下文将结合国内实践具体阐述该项政策工具。

6.3.2 政策工具设计

1. 设定奖励上限

虽然实施奖励政策有诸多的优势，但从空间承载力的角度来看，空间资源有其承载上限，不能无限制地增加地块容量，在一定的容量限度下，可以提升空间资源的集约利用水平和利用效率，使得空间资源的效用最大化，而一旦超过上限之后，反而会带来诸多的城市问题。因此，一个可实施、可持续的容量奖励政策的第一项工作就是研究制定合理的最佳容量。这个容量要结合土地、人口、市政、公共服务、

安全、卫生等多因素进行定量分析，按照边际收益计算，从而得出最低经济容量和最佳经济容量。

如图 6-6 所示，DD 为社会需求曲线，MPC 表征“边际个人效益”，MSC 表征“边际社会效益”，随着容量的不断提高，通风、采光及基础设施承载等负外部性显著增大，导致了边际个人成本和边际社会成本的差异拉大。从经济学角度看，如果不考虑外部性的影响，对于开发商而言，最佳容量为 I_P（边际个人成本等于边际个人效益）；但如果将外部性纳入经济分析框架中，意味着开发商需要为逐步增大的负外部性“买单”，其开发成本会增加（从 P 到 S），则最高容积率只能是 I_S。所以，从政府实施容量奖励的政策的角度，就需要在公共利益和开发商利益之间建立平衡。如果开发商愿意提供公共开放空间、公共服务设施及其他被认可的奖励条件，则其容量可以从 I_S 提升到 I_P，这意味着因为公共开放空间、公共服务设施及其他被认可的奖励条件所带来的正外部性与因提升容量而带来的负外部性相互抵消，从而实现将容量奖励带来的负外部性内在化。因此，当开发商申请建设一块绿地时，所获得的容量奖励所产生的负外部性应等于或小于小区绿地所产生的正外部性，这就是容量奖励上限设置的基本分析逻辑。

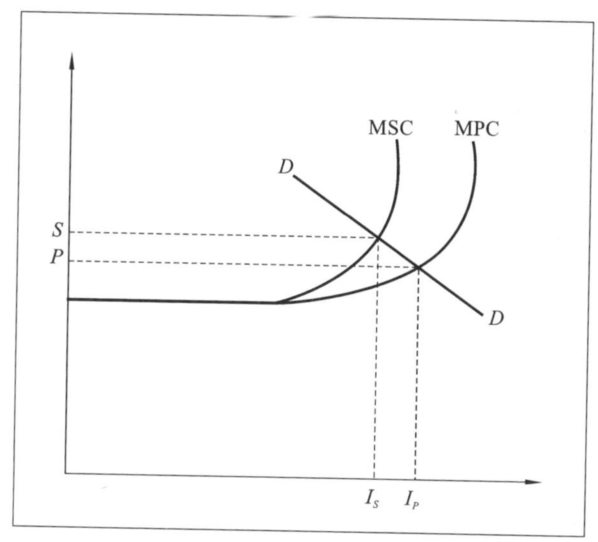

图 6-6　基于边际效益分析的最佳经济容量分析

2. 明确奖励核算

奖励上限条件确定后，接下来就是具体奖励值的核算问题，主要涉及以下三个方面。

①划定奖励区。容量奖励的设置并不适用于城市所有的地区，应该成为政府治理城市空间的一种政策工具，如集合城市发展重点片区，并结合基准地价、城市开发强度分区等来划定容量奖励区，主要为中央商务区、城市主城核心区、棚户区等。

②明确奖励条件的内涵及其计算标准。划定奖励区后，需要对奖励的行为与条件进行明确，重点需要区分的是需要开发商承担的责任及责任之外的条件等。明确这类条件的类型、布局要求、建设标准和运营要求等，以保障其所获得的奖励能真正弥补所带来的负外部性，不能以损害公共利益为代价，具体奖励条件的核算可参考上节所论述的容量奖励的上限值确定的相关方面。在符合奖励条件的要求下，按规定奖励相应的容量。

③明确奖励的规模和补偿标准。奖励应严格执行等价交换原则，即所付出的公共效益与所获得的开发效益应等值。考虑实际情况，可有一定程度的弹性。具体的计算式可以参考如下：

容量奖励指标＝(开发商额外提供的公益价值×奖励系数)/区域楼面地价。

6.3.3 政策工具激励效用预判

通过容量奖励政策的实施，主要实现以下三个方面的目标。

一是创设容量奖励政策来激发开发主体的积极性。经过初始配置后，空间资源的价值已被深入挖掘，再次开发的容量的值域非常有限，想要通过常规手段腾挪出的公共开放空间是有限的。基于此，可以通过政策的变通，以市场主体的逐利趋向为切入点，通过规划政策工具鼓励市场逐利，但在逐利的同时需要满足政策中所提出的相应条件，这样一来，就可以实现公共利益与私利双赢的局面，政府利用手中的规划管控权，调动市场的积极性，同时又提供了更多的公共开放空间、公共设施及更好的城市品质与环境。

二是创设容量奖励政策来规范复杂的再配置市场。根据“收益—成本”公式，当用地面积一定的情况下，如容量越高，则均摊到单位面积的份额就越少，活力就越大，为了获得更高的容量，开发商会围绕规划刚性管控的指标做足文章。而容量奖励政策无疑会将原本不透明的容量变化条件公开化、透明化。在奖励政策中，应对满足何种条件将获得多少奖励的要求进行明确，从政策实施的角度规范复杂的城市空间资源再配置市场，避免大量寻租现象的发生。

三是创设容量奖励政策来协调经济发展与城市品质的矛盾。从传统的思维来看，城市空间资源再配置的获利是有限的，如果需要激励市场参与，政府就需要牺牲部分公共利益，经济利益和环境效益总是无法实现最优化平衡，但从容量奖励政策的出发点来看，如果转变城市治理思路，从刚性规划管控转变为柔性的空间治理，通过激励政策对空间资源进行充分挖潜，变被动要求为主动参与。如开发商在开发某一个地块时，主动对周边地块的历史建筑实施保护，修缮房屋、改善市政、修建道路等，就可以对其开发地块的容量进行奖励，通过奖励的方式来实现空间资源的最优化配置，所以容量奖励政策工具也是一种具有实践意义的柔性治理工具。

6.4　城市空间资源再配置的空间置换激励工具

6.4.1　政策工具的适用性分析

1. 国内已有相关政策

关于用地置换的案例最早源于西方国家，其本质就是开发权转移(transfer of development rights，TDR)。1961 年，美国房地产开发商拉尔德 · 劳埃德(Gerald D. Lloyd，1961)提出的"关于密度区划的可转移密度"思想是 TDR 的雏形，后在 1967 年朋恩公司(Penn Central Railroad)财产诉讼案中成为历史建筑保护的法定手段。随着实践的深入，TDR 的内涵与外延不断扩展，逐渐扩展到西欧发达国家，成为各国、各地用于调和城市土地开发与生态保护关系的土地政策。荷兰政府通过在农业区中将牛棚等有碍观瞻的建筑拆除，建设高档住宅和干净的农地的方式，提出了空间换空间(space for space)的计划(Leonie，2008)。

在我国物权法中并未设立土地开发权的情况下，地方政府陆续开展了一系列具有空间置换的试验，如通过市场化手段对建设指标和保护任务在城乡之间进行调剂，典型的做法如浙江的"基本农田易地代保"、嘉兴的"两分两换"、重庆的"地票交易"、成都的"拆院并院"和天津的"宅基地换房"等。在"浙江建设用地指标跨省转移"实践中，通过构建"折抵指标有偿调剂"、"基本农田易地代保"和"异地补充耕地"这 3 个具有可操作性的概念，实现了"跨区域土地开发权交易"(汪阵，陶然，2009)。需要指出的是，浙江"基本农田易地代保"通过建设指标与保护任务之间的空间置换，在一定程度上缓解了杭州、宁波等城市快速发展背景下耕地保护的压力，让有发展诉求的地区得到了发展，同时让受到保护的农地得到了相应的经济补偿，实际一定程度上是对空间发展平等权利的认识与应用。然而，该项探索由于缺乏国家层面的政策支持，缺乏制度政策性，于 2004 年被国务院明令禁止，但这一由地方政府创建的市场化思路对于缓解农地保护和城市开发之间的矛盾具有启示作用。2008 年，国务院出台文件正式批准重庆稳步推进城乡建设用地增减挂钩试点，重庆开始逐步探索"地票交易"，"地票交易"通过探索建设用地等量增减，有助于在城市快速化发展过程中缓解建设用地指标短缺的情况，是空间置换政策较为成功的模式。通过对国内外实践的梳理可以发现，空间置换政策具有较强的可操作性和政策实施诉求。

2. 政策适用性

从城市已建成区看，其环境条件相对固化，中心城区普遍存在建筑密度较大、建设水平参差不齐、市政基础设施和公共服务设施配置不足(这点已经在第 4 章进行了分析)的情况，影响了城市品质与空间价值，亟需通过再利用来提升、释放和挖潜价值，实现价值最大化和资源最优化配置，这是已建成区域所面临的开发压力。

从城市外围来看，存在大量的生态空间，如森林、绿洲、湖泊、耕地等景观，对净化空气、保护植被、防止水土流失等有积极作用。英国经济学家亚瑟·赛斯尔·庇古(Arthur Cecil Pigou)认为：生态资源配置的外部性使市场在配置该类资源时失效，唯有政府通过征税、罚款和补贴的方式纠正外部性，才能改善生态资源配置。但由政府主导的生态补偿制度具有明显的缺陷，具有权力寻租空间、生态提供者与受益者之间脱节及生态提供者利益受损等问题，且基于"庇古税"的政府主导模式本质上还是"经济增长至上"的，其产生的负面效应也在不断扩大。

一方面是开发的诉求，另一方面是保护的诉求，空间置换政策设计的目的在于通过一个政策工具既实现生态资源保护又实现城市空间资源再配置，让两个看上去不关联的过程，通过空间置换联系在一起。这是罗纳德·科斯(Ronald Coase)为解决外部性问题提出的一种创造性见解。自科斯发表其著名的论文以来，其理论洞见越来越多地被应用于开发权交易的实践中，如排污权交易等。在土地利用和城市规划中的一个例子就是开发权转移。开发权转移即将一块土地的开发可能性或开发潜力全部或部分转移到另一块土地。科斯的意图在于，通过政策鼓励利用市场化手段对生态区的土地所有者提供经济补偿，同时将生态区的开发权转移到建设区，使得私人边际收益无限接近社会边际收益，从而将生态保护的正外部性内在化，以此从全域协同的角度鼓励保护乡村生态空间资源，化解新阶段城镇化发展过程中的"开发"与"保护"之间的矛盾(图 6-7)。

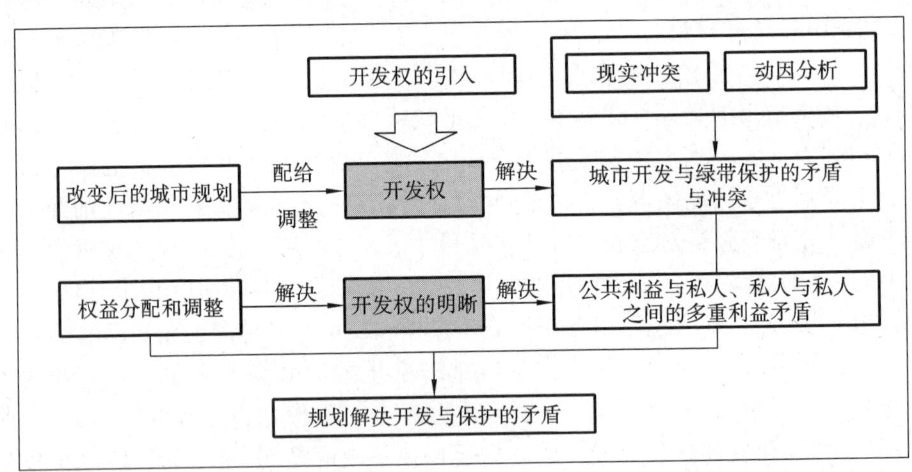

图 6-7　生态空间保护与城市开发(外部性内在化)困境的逻辑分析

按照市场经济规律，市场资本及开发会瞄准建设区，他们不会无故地关注生态区，然而随着经济社会的不断进步，生态文明建设已经成为我国的基本国策，如何在保障生态的同时得到发展，就需要做出智慧的设计，正如曼昆指出，"人们会通过

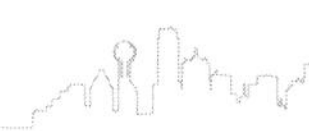

计算成本与收益做出决策”，当“收益内部化的结果大于成本内部化的结果时，就需要建立产权来使外部性得到内部化”。因此，本书在考虑到在全域资源管控的背景下，如果将城市外围生态本底较好的区域嵌入经济激励因子，给予保护者以利益，面对有利可图的激励制度，作为经济人的市场主体必然积极投入生态保护中。

6.4.2　政策工具设计

开发权购买和空间转移是城市空间增长管理的一种产权激励方式（图 6-8）。在城市空间增长管理中，通过开发权的购买和转移来保障土地所有者的权益，减少规划的阻力，将城市高强度开发引导至规划设定的区域内，以保障规划中的生态空间控制得到有效的实施。开发权购买和转移制度的实施需要在政府主导下建立一个开发权市场，并划分出开发权发送区和开发权接受区。

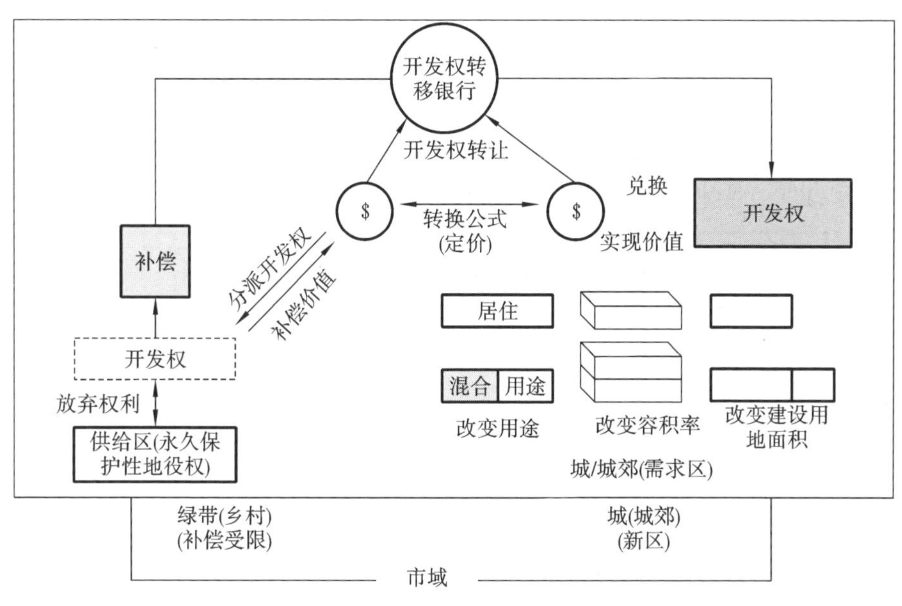

图 6-8　开发权转让的原理示意

1. 空间置换区划定

（1）需求区划定

需求区的概念比较容易理解，就是按照统一的空间规划鼓励开发的区域，在本研究中主要是指在城市建成区中受到现有规划指标的控制但却具有进一步开发潜力的区域，如城市中央商务区、老旧小区、棚户区等。在需求区，实行两类容量管制，即基准容量和奖励容量。基准容量是指原规划中所设定的再次开发的容量指标，而奖励容量是指可在容量供给区购买的容量指标的上限。通过进行生态保护的容量供给区，开发商可购买一定的容量，从而超过基准容量，甚至可以达到奖励容量的上限值。在实际规划操作中，需求区需要充分考虑购买容量的意愿和能力，如国外将轨道站点周边设为需求区等，同时附加一些优惠条件，以吸引开发者通过开发权转让提高容量，而对于居民而言，则可通过政策保障高强度开发不会降低接受区的环境品质和不动产价值，如将更高等级的市政和公共服务设施向接受区倾斜。

(2) 供给区划定

供给区是指在空间规划中划定的需要进行生态保护或禁止商业开发的区域，主要包括禁建区和部分限建区。供给区内有着从公共利益和可持续发展的角度要求政府予以保护的区域，如优质的农地、林地、湿地和自然风景等生态资源。政府希望该地区作为生态保护区，但从开发权的公平性及更好地进行生态保护的角度，生态保护区内的人也要获得发展，特别是当前在城市发展的外围区域，各类规划都划定了“绿带”、“绿心”等禁止开发区。但从国内外实践的效果来看，这些规划所划定的刚性管控保护区正在一步步被蚕食，归根结底在于未能通过市场化手段对开发权予以补偿。笔者认为，通过空间置换政策可以较好地处理保护与发展之间的矛盾。按照空间置换的政策设计，供给区内的产权人有两种选择：一种是等待暂不转让（等待升值空间或规划调整），按供给区的规划要求使用；另一种是转让开发权，获得相应的经济补偿，且永久不得擅自改变用途以追求更高的土地收益(图 6-9)。

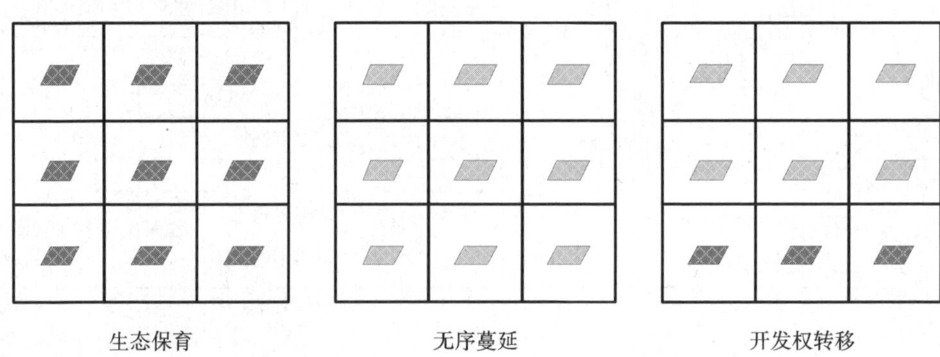

图 6-9　Circle County 开发权转移运行模式

2. 空间置换指标的配置和核算

空间置换指标的配置与核算，就是在进行空间置换前，需要对拟购买容量的需求区和拟出售容量的供给区的容量总量进行综合考虑，按照经济学的基本原理，只有供给和需求保持均衡时，才能保证以市场机制对供给区进行公平的补偿，简而言之，就是不能让供给区泛滥，以体现其稀缺性(表 6-3)。按照美国空间置换的相关做法，供给区通常以容量分配率来实现容量的分配，也就是指供给区单位土地上获准出让的容量数量。单位面积上的容量分配率受地价、区位及宗地条件影响，因此，不同的地块可供出让的容量具有较大的差异，这也体现了其生态效益的差异性，然而，某地块可供交易的容量一旦确定，就表明供给区的容量总数确定了，也就

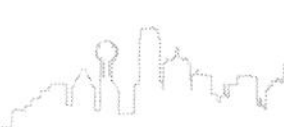

是空间置换的潜在供给市场确定。

表 6-3　空间置换的主要指标

设计指标	解释
供给区容量分配率	发送区土地所有者在单位土地上获准允许出让的容量数量，以公顷/单位来表示
需求区额外容量	通过容量项目可突破基准开发限制的额外开发容量，以公顷/单位表示
需求区容量比率	每一个额外的开发单元所需的容量数量

3. 设立“容量/生态银行”

“容量/生态银行”是一种市场化的权利转移机制，为了维持机制的运行，需要由政府委托建立第三方机构，基于全域资源管理的理念，通过统一的空间规划划定相应的需求区和供给区，通过控制性详细规划对需求区地块的基准容量和奖励容量进行确认，并通过乡村规划对供给区地块的可供出让容量总数进行确认，以形成基于“供—需”关系的空间转移市场。首先，由“容量/生态银行”从供给区购置部分容量，这些容量以“信用”的方式存入“容量/生态银行”；其次，需求区的开发商通过向“容量/生态银行”购买“信用”来增加开发容量。必须要说明的是，所购买的“信用”只能在政府空间规划管理部门的授权许可下才能够使用，同时要对开发条件进行修改。“容量/生态银行”由政府主导组织建设，银行作为第三方中介机构，组织容量的购买与转移，政府规划部门负责规划供给区和需求区，并负责测算供给区的容量总量以及制定需求区的基准容量和奖励容量。通过“容量/生态银行”在开发与保护之间架起了一座政策工具的桥梁，以此来调整这两类区域不同的发展诉求与管控要求。

6.4.3　政策工具激励效用预判

容量的空间置换实质上是空间开发权的空间转移，作为一种具有一定基础的城市空间增长管理的工具，以及协调区域整体发展的政策，它所带来的效用是明显的，主要有以下四个方面。

①资源保护。在空间置换的政策工具中，划定的供给区首要的条件是需具有较高的生态保护价值，显然，空间置换政策工具实施的最大意义在于探索了一套行之有效的资源保护的制度经济路径，比起单纯地划定“绿带”或禁建区、历史保护地段等更具有可落地性。

②高效利用。就需求区而言，其空间资源利用效率的提升是显而易见的，另外，通过提升可承载区域的开发容量，也可以最大限度地利用该区域的城市基础设施和公共服务设施，提升公共财政的效率，缓解基础设施与公共服务设施建设带来的压力。

③经济激励。显然，通过拟定需求区的基础容量与奖励容量指标，开发商及原产权人就能够更加精准地对原产权再利用的经济预期进行测算，尽管开发者需要支付相应的费用来购买容量，但比起购买容量的费用而言，更客观的是通过空间资源高强度开发所带来的经济回报，因此，通过空间置换可以激励开发者以更加积极的态度投入到原本看上去不太盈利的地段开发。

④公平发展。空间置换政策的法理源头在于承认发展权的公平性，通过容量的转移，空间发展权实现了置换，让承担土地保护的产权人得到公平的对待，让他们的土地也得到公平的对待。从经济学的角度来看，衡量公平的标准非常简单，就是土地使用者是否支付了原本应得的成本，从而使土地保护者有权利获得土地开发的收入。

6.5 本章小结

按照第 4 章所构建的理论框架，本章结合规划管理实际，首先将产权激励纳入城市空间资源再配置过程的实施程序与流程进行了设计，并针对三项产权激励政策工具，分别从国内已有相关政策、政策适用性及政策的激励效用预判三个方面进行了论述。本章是理论与实际分析的桥梁，通过政策的规划管理程序设计与政策的详细分析，为政策工具的实际应用奠定了基础。

第 7 章　治理效用:基于矩阵决策模型的产权激励工具执行结果评价

7.1　功能调整激励的案例及其效用分析

7.1.1　案例:长沙市都正街有机更新案

1. 基本情况

都正街因清朝都司衙门位于此地而得名,全长 314 m,芙蓉区段长 180 m,是长沙古城风貌保护区的核心区域。这里留下了众多的长沙记忆,如供奉湘菜祖师爷厨神的詹王宫、善化县城隍庙、名人雅仕荟萃的"清香留"等。

改造之前,都正街是一个典型的棚户区,主要表现出三个特征:一是房屋低矮破旧,多建于 20 世纪五六十年代,建筑密度很大,违章建筑多,建筑质量不高;二是基础设施老化,功能杂乱,水电气路的承载能力不足,安全隐患突出;三是困难群众集中,群众改造意愿强烈。

2013 年 9 月,芙蓉区启动都正街历史文化街区改造,改造区域约 36 亩,涉及居民 343 户、1069 人。根据市委、市政府提出的棚改项目"四增两减"目标要求,在改造过程中,芙蓉区始终遵循"三不"原则:一是不大拆大建,保留街区总体风貌;二是不改变原有功能格局,还原老长沙历史韵味;三是不改变产权关系,从根本上维护群众利益,见图 7-1。

改造工程分两期实施:一期为综合改造,主要任务是拆除约 6000 m^2 的违章建筑,按照老长沙风貌改造主街及房屋立面,实施绿化亮化,全面改造水电气路、地下管网和安防等基础设施;二期为遗址修复,主要恢复詹王宫、城隍庙等遗址景点,增设雕塑、城墙等人文景观,改建都正街剧场,建设地下停车场等。通过为期两年多的改造,原本破脏乱差的老旧社区变成了有故事、有历史、有品位的宜居、宜商、宜业的新街区。

从改造成效来看,达到了"三省两高"的效果(图 7-2)。所谓"三省":一是省钱,该项目总投入约 1.5 亿元,如果按照大拆大建的模式实施改造,相同区域、面积和密度的项目需 6～10 亿元;二是省时,一般棚改项目通常需要六七年,而该项目可在三年内完成,改造周期至少缩短一半;三是省力,该项目不需要拆迁安置,所以矛

图 7-1　都正街改造前产权摸底图

盾少，纠纷少，项目实施顺利。所谓“两高”：一是居民支持率高，群众主动参与改造，项目改造的全过程实现了“零上访”；二是群众满意度高，增加了收入，提升了环境，改善了生活，消除了隐患，促进了社会和谐。

2. 再配置成效

(1) 历史得以传承

在都正街的改造设计方案阶段，地方政府的要求其实与规划是不一致的，经过一段时间的博弈，最终政府在综合考量多方面因素后，决定以“有机更新”的方式来推动街区改造，并定下了“不大拆大建，不破坏街巷体系，不破坏居民生态，不破坏历史文脉，不破坏建筑风貌”的工作原则，将都正街打造为集主题购物、特色餐饮、文化休闲、历史观光、休闲度假等功能于一体的“最长沙”的休闲体验地标区(图 7-3)。

(2) 原住民利益得以保护

原住民作为都正街改造过程的主要参与者，在设计过程中表现了很高的参与意识，提供了诸多宝贵的历史信息，通过原住民的参与，很多珍贵的历史信息得以复原、传承，传统习俗得以保留。余东海等 7 名特邀主任全程参与了都正街项目的

图 7-2　都正街改造范围与现状照片

图 7-3　都正街主街改造前后对比

规划设计、拆违及施工工作，他们扮演了上传下达、沟通协调的重要角色，在改造过程中以参与人的角色向其他原住民传递正能量。改造完成后，原住民的居住环境得到了极大的改善。

(3) 片区实现了复兴

在都正街改造过程中，政府投入资金进行基础设施改善，吸引大量投资者前来经营，重塑都正街的商业繁荣。原住民积极维护历史街区的风貌环境和文化，并因此获得了不动产的稳定升值，提升了总效用。通过政府的系统组织，各利益群体相互协作，共同促进了都正街的街区复兴。政府通过发布一系列政策，实现了从外貌整治到有机更新，从设施完善到功能升级的全过程，既改善了环境，又重建了家园，受到了社会各界的高度赞赏与认同。

7.1.2 功能调整的激励效用评价

1. 交易成本维度的评价

(1) 调查背景

2017年10月7日至2018年11月20日，调研组分别邀请对城市更新各个交易阶段非常熟悉的相关人员对情景1、情景2的交易成本进行评估，如开发商、城市更新办等。调查以结构式问卷与半结构式访谈相结合的方式进行，设计了相应的调查问卷，以便于结构式调查，也采用访谈的方式进行半结构式调查，丰富调研所获取的信息。调研组采用此种方式总共访谈了20位专业人员，并回收有效受访问卷20份。

同时，为衡量量表是否稳定、可靠，对各项交易活动中的变量进行信度分析(采用同样的方法对同一对象重复测量时所得结果的一致性程度)，本次采用克伦巴赫·阿尔法(Cronbach'α)系数测量内在信度。而对于信度的衡量标准，大多数学者认为量表的信度在0.9以上，则认为其可靠性很高；在0.8以上是可以接受的信度系数；在0.7以上，则需要进行修订，但仍然有参考价值；如果低于0.6，需要重新编制量表。克伦巴赫·阿尔法(Cronbach'α)系数的计算公式如下：

$$\alpha = \left(\frac{K}{K-1}\right) \times \left(\frac{1-\sum S_i^2}{S_t^2}\right) \tag{7-1}$$

式中，K 为量表中的题项总数，S_i^2 为第 i 题的题内方差，S_t^2 为全部题项总得分的方差。本次的克伦巴赫·阿尔法(Cronbach'α)系数均在SPSS19中完成，并且同时计算各项指标的评价值的平均数、标准误差、方差等统计值。

(2) 情景模拟

①情景1：假设未采用该项激励政策工具，更新按照既有方式进行模拟。

此次情景1的问卷信度的Cronbach'α系数为0.823，大于0.8，是一种可以接受的信度系数，反映量表测度结果具有可靠性。从各项指标统计值来看，标准误差与方差相对较少，反映各项指标波动较少，各项指标所测度的结果具有内在一致性。

按照式(7-1)，将各项指标评价的平均值累加，得到情景1在交易活动中所产生的成本，依据表7-1可计算得到交易成本为124.19。

表7-1 问卷数据统计性描述——情景1

交易阶段	编码	最小值	最大值	平均值	标准误差	方差
更新启动阶段	Var001	3	5	4.07	0.1435	0.4300
	Var002	3	4	3.43	0.0651	0.2136

续表

交易阶段	编码	最小值	最大值	平均值	标准误差	方差
更新启动阶段	Var003	3	4	2.79	0.1139	0.3993
	Var004	2	4	3.71	0.1082	0.1688
	Var005	3	4	2.86	0.0730	0.2644
	Var006	3	4	2.71	0.1354	0.2254
	Var007	4	5	4.57	0.0651	0.2136
	Var008	3	4	3.29	0.1082	0.1688
	Var009	2	4	3.50	0.0600	0.2189
	Var010	3	4	3.29	0.1082	0.1688
	Var011	2	4	3.36	0.0503	0.3333
	Var012	3	4	3.57	0.0651	0.2136
规划编制阶段	Var013	1	3	2.50	0.0600	0.2189
	Var014	3	5	4.29	0.1082	0.1688
	Var015	3	4	3.79	0.1497	0.1258
	Var016	3	5	3.93	0.0333	0.3157
	Var017	3	4	3.14	0.2101	0.0631
	Var018	4	5	4.21	0.1497	0.1258
	Var019	2	3	2.71	0.1082	0.1688
产权交易与报批阶段	Var020	3	4	3.14	0.0449	0.2345
	Var021	2	4	3.43	0.0651	0.2136
	Var022	3	4	2.86	0.0449	0.2345
	Var023	3	5	4.57	0.0651	0.2136
	Var024	4	5	4.21	0.0021	0.2789
	Var025	2	4	3.00	0.0947	0.3794
	Var026	3	4	3.71	0.1082	0.1688
	Var027	2	3	2.71	0.1082	0.1688
	Var028	2	3	3.14	0.0449	0.2345
	Var029	2	3	2.29	0.1082	0.1688
	Var030	2	3	3.00	0.0255	0.2547
	Var031	3	4	3.36	0.0808	0.1972
	Var032	2	4	3.00	0.0947	0.3794

续表

交易阶段	编码	最小值	最大值	平均值	标准误差	方差
更新完成阶段	Var033	2	3	2.57	0.0651	0.2136
	Var034	3	4	3.57	0.0651	0.2136
	Var035	2	4	3.00	0.0947	0.3794
	Var036	3	4	3.43	0.0651	0.2136
	Var037	3	4	3.57	0.0651	0.2136

②情景 2:采用该项激励政策工具,开展更新的现实状况。

通过式(7-1),依据表 7-2 可计算在城市空间资源配置过程中其交易活动所产生的交易成本为 117.78。

表 7-2　问卷数据统计性描述——情景 2

交易阶段	指标	最小值	最大值	平均值	标准误差	方差
更新启动阶段	Var001	3	5	3.94	0.2198	0.4024
	Var002	3	4	3.50	0.0600	0.2145
	Var003	2	4	2.83	0.1272	0.4071
	Var004	2	4	3.06	0.1555	0.1162
	Var005	2	3	2.28	0.1121	0.1609
	Var006	1	3	2.33	0.0174	0.2941
	Var007	4	5	4.56	0.0631	0.2113
	Var008	3	4	3.28	0.1121	0.1609
	Var009	3	4	3.50	0.0600	0.2145
	Var010	3	4	3.28	0.1121	0.1609
	Var011	2	4	3.39	0.0306	0.3077
	Var012	3	4	3.56	0.0631	0.2113
规划编制阶段	Var013	2	3	2.50	0.0600	0.2145
	Var014	3	4	3.44	0.0631	0.2113
	Var015	3	4	3.78	0.1443	0.1278
	Var016	3	5	3.94	0.0611	0.3391
	Var017	3	4	3.17	0.1873	0.2835
	Var018	3	4	3.67	0.0886	0.1851
	Var019	2	3	2.72	0.1121	0.1609

续表

交易阶段	指标	最小值	最大值	平均值	标准误差	方差
产权交易与报批阶段	Var020	2	4	3.17	0.0600	0.2145
	Var021	2	4	2.89	0.1019	0.1714
	Var022	2	3	2.28	0.1121	0.1609
	Var023	3	5	3.56	0.1249	0.4048
	Var024	3	5	4.22	0.0271	0.2483
	Var025	2	4	2.67	0.1067	0.3860
	Var026	3	4	3.17	0.1873	0.3835
	Var027	2	3	2.72	0.1121	0.1609
	Var028	2	4	3.17	0.0600	0.2145
	Var029	2	3	2.28	0.1121	0.1609
	Var030	2	4	2.94	0.0359	0.2393
	Var031	3	4	3.39	0.0725	0.2016
	Var032	2	4	3.00	0.1067	0.3860
更新完成阶段	Var033	2	3	2.06	0.2309	0.2643
	Var034	3	4	3.61	0.0725	0.2016
	Var035	2	4	2.94	0.0611	0.3391
	Var036	3	4	3.39	0.0725	0.2016
	Var037	3	4	3.61	0.0725	0.2016

2. 综合效益维度的评价

(1) 调查背景

2017年10月7日至2018年11月20日，调研组采用与交易成本类似的调研方法，邀请与都正街有机更新相关的人员，如原居民、街道办及专家等，分别对情景1、情景2的综合效益进行评估，其中回收有效受访问卷53份。采用上述的Cronbach'α系数进行数据可靠性分析，计算各项指标的平均值、标准误差及方差等统计值。

(2) 情景模拟

①情景1：假设未采用该项激励政策工具，更新按照既有方式进行模拟。

情景1的Cronbach'α系数为0.879，而其标准误差与方差的值也均较少，反映量表测度具有可靠性。按照式(7-1)，计算得到情景1的综合效益评价值为2.69(表7-3)。

表 7-3　问卷数据统计性描述——情景 1

准则层	指标	最小值	最大值	标准误差	方差	平均值	权重值	加权得分
经济效益	X_1	3	4	0.0714	0.1880	3.33	0.0196	0.07
	X_2	2	3	0.0714	0.1880	2.33	0.0377	0.09
	X_3	2	4	0.1735	0.2936	3.07	0.0143	0.04
	X_4	2	3	0.0000	0.1140	2.20	0.0234	0.05
	X_5	1	2	0.1506	0.0418	1.93	0.0713	0.14
	X_6	1	3	0.2182	0.3399	1.53	0.0874	0.13
社会效益	X_7	2	4	0.0989	0.2164	2.87	0.0340	0.10
	X_8	2	4	0.0989	0.2164	3.13	0.0264	0.08
	X_9	2	4	0.1416	0.2606	3.20	0.0182	0.06
	X_{10}	2	4	0.0989	0.2164	3.13	0.1210	0.38
	X_{11}	2	3	0.0899	0.2071	2.60	0.0114	0.03
	X_{12}	2	3	0.0714	0.1880	2.67	0.0521	0.14
	X_{13}	2	3	0.0601	0.0519	2.87	0.0675	0.19
	X_{14}	2	4	0.1164	0.2345	3.00	0.0119	0.04
	X_{15}	2	4	0.0422	0.1577	3.07	0.0214	0.07
	X_{16}	3	4	0.0000	0.1140	3.20	0.0935	0.30
环境效益	X_{17}	2	4	0.0349	0.0780	3.00	0.0338	0.10
	X_{18}	2	3	0.0899	0.2071	2.60	0.0405	0.11
	X_{19}	2	3	0.0601	0.0519	2.87	0.0993	0.28
	X_{20}	2	3	0.0899	0.2071	2.60	0.1132	0.29

②情景 2:采用该项激励政策工具,开展更新的现实状况。

按照式(7-1),得到情景 2 的综合效益评价值为 3.01(表 7-4)。

表 7-4　问卷数据统计性描述——情景 2

准则层	指标	最小值	最大值	标准误差	方差	平均值	权重值	加权得分
经济效益	X_1	3	5	0.1274	0.3403	3.92	0.0196	0.08
	X_2	3	4	0.1287	0.2231	3.08	0.0377	0.12
	X_3	2	4	0.1600	0.2715	3.08	0.0143	0.04
	X_4	2	3	0.0334	0.2742	2.16	0.0234	0.05
	X_5	1	3	0.1657	0.2774	2.60	0.0713	0.19
	X_6	2	4	0.1765	0.3904	2.68	0.0874	0.23

续表

准则层	指标	最小值	最大值	标准误差	方差	平均值	权重值	加权得分
社会效益	X_7	2	4	0.1571	0.2686	3.36	0.0340	0.11
	X_8	3	4	0.0800	0.1899	3.64	0.0264	0.10
	X_9	3	4	0.0800	0.1899	3.64	0.0182	0.07
	X_{10}	3	4	0.0964	0.2066	3.56	0.1210	0.43
	X_{11}	2	3	0.0899	0.2030	2.60	0.0114	0.03
	X_{12}	2	3	0.0996	0.2099	2.52	0.0521	0.13
	X_{13}	2	3	0.0334	0.0742	2.84	0.0675	0.19
	X_{14}	3	4	0.0996	0.2099	3.52	0.0119	0.04
	X_{15}	2	4	0.1154	0.2260	3.12	0.0214	0.07
	X_{16}	3	4	0.0306	0.1082	3.20	0.0935	0.30
环境效益	X_{17}	3	4	0.0996	0.2099	3.52	0.0338	0.12
	X_{18}	2	4	0.1307	0.2416	3.28	0.0405	0.14
	X_{19}	2	3	0.0750	0.1317	2.88	0.0993	0.29
	X_{20}	2	3	0.0996	0.2099	2.52	0.1132	0.29

3. 功能调整激励工具的决策矩阵评价

(1) 评价结果

由上述的交易成本评价及综合效益评价可知，情景 1 的交易成本相对于情景 2 有所上升，而其综合效益值相对于情景 2 有所下降(表 7-5)。由上述的激励工具决策矩阵分析模型可知，反映该功能调整的产权激励工具政策实施后具有一定的效用。

注：根据第 3 章所构建的产权激励政策工具评价的矩阵决策模型，该政策工具效用属于“情形 1”，即若某一项产权激励政策工具实施前后，其交易成本“↓”、综合效益“↑”或综合效益“—”，则该项政策工具有效。

表 7-5 功能调整激励工具效用评价情况

	交易成本评价值	综合效益评价值
情景 1	124.19	2.69
情景 2	117.78	3.01

(2) 主要受影响指标

①交易成本方面。从上述的交易成本评价可知，情景 2 相对于情景 1 的交易成本有所下降，再通过计算两种情景中各项指标评价均值的差值，可发现主要在 Var004、Var005 等指标上差异较大(差值大于 0.3)，具体结果见图 7-4。可见，通

过功能调整的政策激励，能够较好地调动原住民的积极性，以减少因为产权分散对资源再配置带来的阻力，且在此案例中，由于未涉及拆除重建的改造，因此，从一定程度上减少了拆赔协议方案制定、拆赔协议谈判的时间，交易成本量也有一定程度的减少。从交易成本角度来看，空间资源再配置的关键在于如何让多元产权主体能快速达成共识，以保障再配置过程的开展。

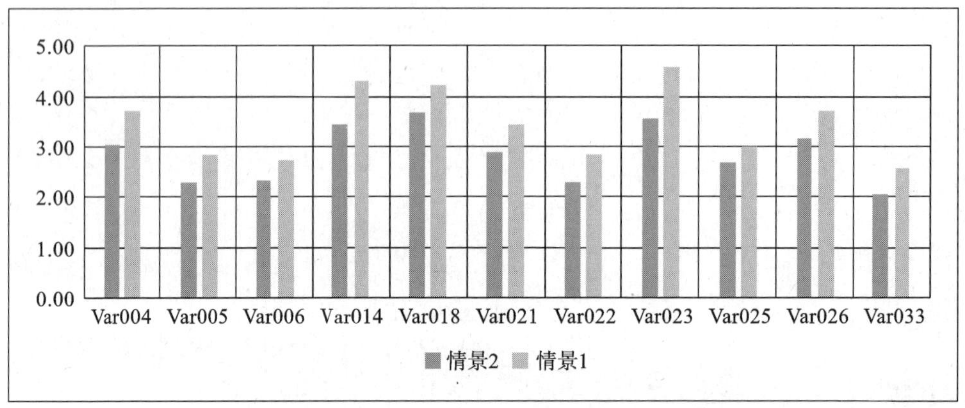

图 7-4 情景 1 与情景 2 的交易成本指标差异对比

②综合效益方面。从上述的交易成本评价可知，情景 2 相对于情景 1 的综合效益有所上升，通过计算两种情景中各项指标评价均值的差值，可发现主要在 X_1、X_2、X_6、X_7、X_{18} 等指标上差异较大，具体结果见图 7-5，即通过此种改造方式，实现了片区不动产增值、提高本区人口就业、商业服务业业态多样性、保存/改善本区特质及与周边环境的相容性等。可见，该政策工具在经济效益、社会效益方面的效用比较突出，通过访谈也发现，该片区居民及参与片区更新的人员都对结果表现出非常满意的状态。

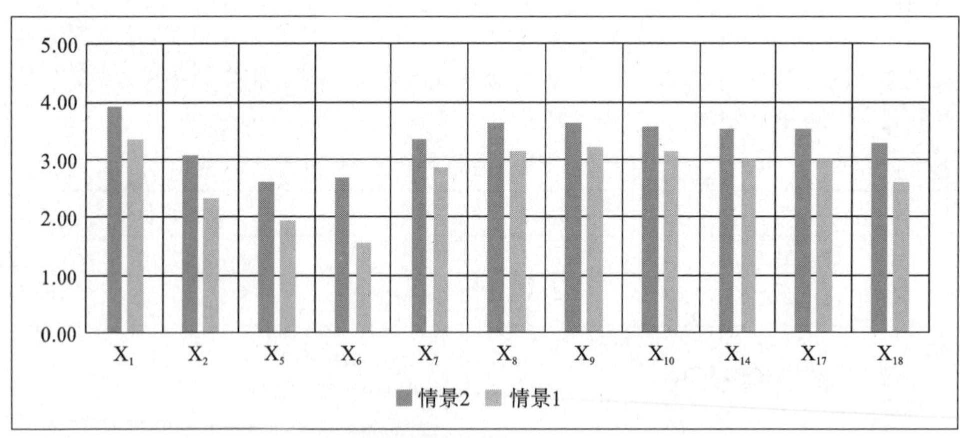

图 7-5 情景 1 与情景 2 的综合效益指标差异对比

7.1.3　案例小结

在一般性的城市棚户区更新改造案中，交易成本较大的原因在于利益主体众多而难以达成协议。然而在都正街改造案中，政府通过对历史街区的外部环境及市政工程等进行统一的改造，为街区内的不动产增加了附加值；再者，政府将原本一条以居住为主的街道改造为“修复古宅古景、延续历史文脉，留住星城底片，引进时尚文化、注入现代商贸，奏响老街新韵”的新街。

通过实地调研的所闻、所见，居民均保持着极高的热情，对于居民而言，他们是这场改造中的赢家之一，他们每天生活在古色古香、花园一般的环境中，房产也获得了极大的增值。此类更新模式目前已在长沙市取得了共识，如原本拟打算拆除重建的西文庙坪历史风貌区，在市委市政府的高度重视下，紧急叫停，并采用功能调整有机更新的模式进行开发。目前方案已经形成，正在抓紧实施中，该方案一公布，便得到了原住民的大力支持(图 7-6)。

图 7-6　西文庙坪仁美园巷有机更新现场照片

7.2　容量奖励激励的案例及其效用分析

容量奖励政策最早源于美国的区划，1916 年，美国纽约市通过了《区划条例》，第一次实现了通过法律途径来管理土地，规定了土地的使用性质、地块控制指标、建筑控制指标等。然而由于刚性地强调功能分离，导致城市缺乏活力，且经过大规模城市扩张后，城市政府在进行公共空间建设时也面临着财政危机，于是设置了相应的奖励措施，以鼓励开发商提供广场、加宽人行道、设置底商等公共设施，从而换取更高的楼层、获得更多的建筑面积。1961 年，纽约市在分区规划中首次提出提供城市广场的建筑开发者可以获得容积率、增加建筑面积的奖励，这是容量奖励的雏形。

从容量奖励的角度来看，很多更新看似在做存量或减量规划，其实是减量上的增量——也就是通过增加容量的手段，产生更多的利益来平衡成本，从而推进方案实施。所以，容量奖励不得不说是现在大量城市更新得以实现的支柱性力量。

7.2.1 案例：湘江宾馆保护工程及周边地块棚改案

1. 基本情况

湘江宾馆位于长沙市中心繁华商业区中山路，建成于20世纪50年代初，曾经云集国外宾客和专家。这里环境幽静，仿苏联建筑风格，独具特色，是湖南省接待外宾的首选之地，1990年成为湖南首批涉外三星级宾馆。2008年，湘江宾馆停止营业。中栋二号楼作为长沙市近现代保护建筑，永不拆除（图7-7）。

图7-7 湘江宾馆保护的现场照片

根据潮宗街周边地区控规，该用地属J-21地块，按控规用地性质为商业用地（C2），容积率1.8，建筑密度30%，建筑高度50 m，绿地率35%。2010年7月，湖南兴湘国有资产经营有限公司（湘江宾馆）申请修改其用地规划指标。收到土地使用权人的申请后，规划管理部门联合住建及文保部门，对湘江宾馆所在的J-21地块调整申请进行了审查，并结合了相关论证报告，考虑到“用地属省国资委下属企业土地资产，支持国有资产综合开发利用”、“湘江宾馆位于地块正心，对土地整体布局有一定影响”及“就地安置与移位保护及修缮费用”等原因，市政府批复了该控规调整方案，在规划工具的奖励条件下，该地块调整为商业居住用地（C2R2），其中商业部分容积率7.0，建筑密度45%，建筑高度100 m（2018年申请调整为150 m，其他指标不变），绿地率25%；居住部分容积率3.8，建筑密度30%，建筑高度100 m，绿地率32%。2016年，湘江宾馆被拍卖，根据湘国土资函〔2014〕258号及长沙市土地管理委员会〔2016〕2号会议纪要，该宗地挂牌出让设置如下条件：①土地竞得人须在该出让土地上新建的商业用房中需按照每平方米6830元的标准有偿提供湘江宾馆拆迁安置房（商业用房）31000 m^2，由湖南省人民政府委托湖南兴湘投资控股集团有限公司回购用于湘江宾馆的拆迁安置，土地竞得人直接与湘江宾馆签订房屋买卖合同，并为其办理房屋产权证和国有土地使用证（土地竞得人提供的

拆迁安置商业用房具体位置及建筑质量标准等见湘国土资函〔2014〕258 号附件 2）；②土地竞得人须无偿提供 8700 m^2 地下建筑面积给湘江宾馆，其中地下车库不少于 180 个；③土地竞得人须在该出让地上，按照长沙市房屋拆迁安置补偿相关政策，就地妥善安置补偿 59 户被拆迁户（土地竞得人需与各被拆迁户签订《房屋置换补偿合同》，补偿建筑面积在原产权面积的基础上每户增加 25 m^2，补偿面积共计约 5200 m^2），具体名单见湘国土直收〔2014〕20 号收回决定书及附件；④土地竞得人须按照长沙市市长办公会会议纪要要求制订湘江宾馆中栋（2 号楼）具体平移保护实施方案，报长沙市住房和城乡建设委员会、会同有关部门审核呈长沙市人民政府批准后，完成湘江宾馆中栋（2 号楼）移位保护的实施任务，本次湘江宾馆中栋（2 号楼）的移位保护及修缮费用由土地竞得人承担，湘江宾馆中栋（2 号楼）保护建筑移位后的物权无偿移交湘江宾馆所有。红砖清水墙、琉璃瓦的建筑，承载着无数长沙“老口子”童年记忆的湘江宾馆，如今也终于要走出历史，开启新的篇章了。

2. 再配置成效

（1）湘江宾馆得以保护

建于 1954 年的湘江宾馆中栋，曾是湖南接待外宾的首选地，外部造型为红砖清水墙，东西两头高耸出檐，琉璃瓦屋面，雕梁画栋，檐下设有斗拱，具有典型的中苏合璧的建筑特点。2002 年，被列为长沙市第一批“近现代保护建筑”（建设行政主管部门下发）。2010 年，湘江宾馆中栋被列为“一般不可移动文物”（文物主管部门下发）。然而，由于受产权归属约束等原因的影响，该楼一直未给予妥善的保护，且该楼主体部分已租赁作为某酒店职工宿舍多年，住着上百位员工，且由于缺少修缮资金支持，湘江宾馆存在年久失修和保护不力等问题（图 7-8）。

图 7-8　年久失修和保护不力的湘江宾馆

规划奖励工具使得该地块成功出让，2017 年底，开发单位启动了项目建设工作，湘江宾馆主楼及员工宿舍楼被拆除，中栋二号楼建筑直线北移保护，并在建筑东北侧加建一栋二层建筑。目前正在进行湘江宾馆平移前的各项准备工作，按照规划方案，在保护性建筑北侧设计了园林式绿化庭院，营造曲径通幽的景观意境，与历史保护建筑共同构成该街区的历史文化传承记忆（图 7-9）。结合历史现状，利用基地内部人行通道，构建与周边建筑的联系通道，方便使用。在用地西侧新增人行出入口，增加保护性建筑的开敞度和可达性。

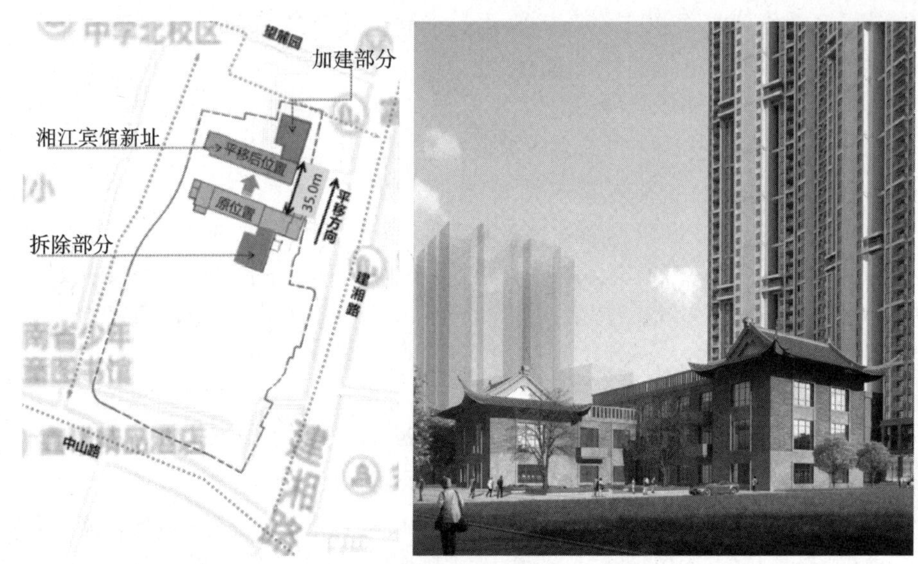

图 7-9　湘江宾馆平移方案与修缮效果

(2) 产权主体诉求得以保障

按照土地出让条款，需要对改造地块内的产权主体给予还迁补偿（图 7-10）：①还迁商业。将 2＃栋裙房 1 层和 2 层的南侧部分以及整个 3 层用作回迁商业，共计 4274.97 m^2（其中 274.97 m^2 计入回迁公寓，4000 m^2 为商业）。同时回迁商业位于主入口广场附近，有利于日后的商业开发和经营。②还迁公寓式办公。包括两个部分，一部分是将 3＃栋的 3～32 层全部用作经济型酒店，共计 18927.0 m^2。同时 3＃栋的位置相对隐蔽，对新建建筑干扰较小。另一部分是将 2＃栋 4～9 层用作还迁公寓式办公，共计 7798.03 m^2，两部分共计 31000 m^2。③还迁住宅。将 1＃住宅 2～14 层和 17～33 层用作 59 户的还迁住宅，户型面积 88 m^2（和原来户型大小保持不变）。④停车配套。按照要求需提供给湘江宾馆 8700 m^2 地下建筑面积，位于负一层，其中地下车位不少于 180 个。奖励工具激发了开发商的热情，调动开发商不断调整方案以满足各方诉求，也是地块得以顺利拆迁、完成土地出让的保障。

(3) 激发了片区活力

街区周边是长沙传统的城市商业轴线，在 20 世纪 80 年代初至 90 年代末，中山路曾是长沙市最为繁华的地段，亦为当时长沙市的商业中心。随着湘江一桥的修建，沿线商业功能逐步衰退，加上旧城改造的力度加大，街区内开发建设项目较

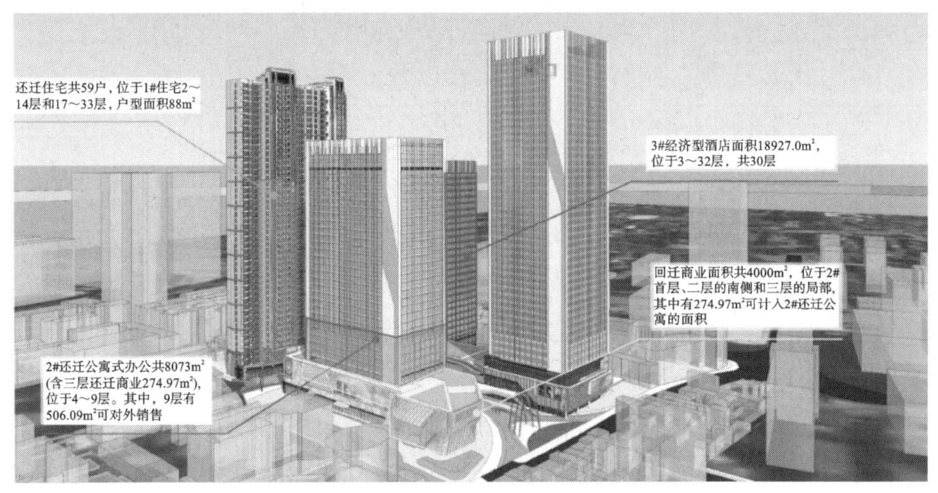

图 7-10　项目回迁产权分配方案

多，开发项目之间、开发项目与现状环境之间缺乏协调与衔接，并未有效提高城市整体形象，并且由于周边街区用地小且穿插混杂，片区更新常以自发式、渐进式开发模式为主，项目开发时，常以小地块开发为主，单幢或组团式的住宅开发较多，无法配套相应的公共设施、形成集中的公共绿地，致使片区的环境及景观质量无法提高。在《长沙市棚户区改造计划(2014—2017)》中，将地块整体作为更新改造单元，整体进行设计、开发，最终建成绿色低碳的城市综合体。根据批复的设计方案，建成后，住宅面积 32323.02 m^2，商业总建筑面积 120038.00 m^2，配备 1129 个停车位。业态涵盖公寓式办公、经济酒店、裙房商业、LOFT 公寓式办公等，改变了街区的功能结构，激发了活力，实现了街区复兴(图 7-11)。

7.2.2　容量奖励的激励效用评价

1. 交易成本维度的评价

(1) 调查背景

2017 年 10 月 7 日至 2018 年 11 月 20 日，调研组分别邀请对棚户改造各个交易阶段非常熟悉的相关人员对情景 1、情景 2 的交易成本进行评估，如开发商、城市更新办等。采用案例 1 的调查方法，即结构式问卷与半结构式访谈，采用此种方式总共访谈 25 位专业人员，并回收有效受访问卷 20 份。采用上述案例 1 的 Cronbach'α 系数进行数据可靠性分析，并且计算各项指标的平均值、标准误差及方差等统计值。

(2) 情景模拟

①情景 1：假设未采用该项激励政策工具，更新按照既有方式进行模拟。

此次情景 1 的 Cronbach'α 系数为 0.854，大于 0.8，也是一种可以接受的信度

图 7-11　片区改造效果

系数，反映量表测度结果具有可靠性。其标准误差与方差也相对较少，反映各项指标波动较少，各项指标所测度的结果具有内在一致性。

按照上述交易成本评价的公式，将各项指标评价的平均值累加，得到该案例的情景 1 在交易活动中所产生的成本，依据表 7-6 可计算得到交易成本为 125.15。

表 7-6　问卷数据统计性描述——情景 1

交易阶段	编码	最小值	最大值	平均值	标准误差	方差
更新启动阶段	Var001	3	5	3.86	0.0501	0.1785
	Var002	3	4	3.36	0.1103	0.2131
	Var003	2	4	2.71	0.0518	0.4833
	Var004	3	4	3.71	0.1890	0.3188
	Var005	2	4	3.29	0.0518	0.2612
	Var006	2	4	3.07	0.0574	0.2188
	Var007	4	5	4.21	0.1579	0.3246
	Var008	3	4	3.36	0.2103	0.4289
	Var009	3	4	3.50	0.2268	0.4833
	Var010	3	4	3.50	0.1074	0.2004
	Var011	2	4	3.50	0.1304	0.3689
	Var012	3	4	3.50	0.1610	0.3449

续表

交易阶段	编码	最小值	最大值	平均值	标准误差	方差
规划编制阶段	Var013	2	3	2.57	0.0949	0.2689
	Var014	4	5	3.93	0.1933	0.4636
	Var015	3	4	3.64	0.0792	0.1657
	Var016	3	5	3.93	0.1425	0.3472
	Var017	3	4	3.29	0.0518	0.1173
	Var018	4	5	3.86	0.0501	0.2188
	Var019	2	3	2.64	0.0792	0.2131
产权交易与报批阶段	Var020	2	4	3.07	0.0574	0.1472
	Var021	3	4	3.29	0.0518	0.2246
	Var022	2	4	3.07	0.1035	0.3188
	Var023	4	5	4.50	0.2268	0.5800
	Var024	3	5	4.14	0.2389	0.5004
	Var025	2	4	3.50	0.1356	0.5130
	Var026	3	4	3.50	0.1058	0.2679
	Var027	2	3	2.86	0.0501	0.1689
	Var028	2	4	3.00	0.1345	0.2131
	Var029	2	3	2.50	0.1000	0.4047
	Var030	2	4	3.14	0.1151	0.2689
	Var031	3	4	3.29	0.2099	0.3845
	Var032	2	4	3.00	0.2147	0.3763
更新完成阶段	Var033	2	3	2.86	0.1151	0.3294
	Var034	3	4	3.71	0.0518	0.1845
	Var035	2	4	3.21	0.0103	0.2188
	Var036	3	4	3.29	0.0518	0.1758
	Var037	3	4	3.79	0.1103	0.2988

②情景 2：采用该项激励政策工具，开展更新的现实状况。

通过交易成本评价的公式，依据表 7-7 可计算在城市空间资源配置过程中交易活动所产生的交易成本为 120.39。

表 7-7　问卷数据统计性描述——情景 2

交易阶段	编码	最小值	最大值	平均值	标准误差	方差
更新启动阶段	Var001	3	5	3.89	0.1019	0.1714
	Var002	2	4	3.39	0.0306	0.3077
	Var003	2	4	2.78	0.0271	0.2483
	Var004	2	4	2.89	0.1019	0.1714
	Var005	2	4	3.06	0.0611	0.3391
	Var006	2	3	2.61	0.0725	0.2016
	Var007	3	5	4.28	0.0017	0.2745
	Var008	2	4	3.33	0.0174	0.2941
	Var009	2	4	3.50	0.0409	0.3183
	Var010	3	4	3.44	0.0631	0.2113
	Var011	2	4	3.11	0.1019	0.1714
	Var012	3	4	3.50	0.0600	0.2145
规划编制阶段	Var013	2	3	2.56	0.0631	0.2113
	Var014	3	5	3.78	0.0685	0.3468
	Var015	3	4	3.67	0.0886	0.1851
	Var016	3	5	3.94	0.1555	0.1162
	Var017	2	3	2.89	0.2457	0.0234
	Var018	3	4	3.33	0.0886	0.1851
	Var019	2	3	2.67	0.0886	0.1851
产权交易与报批阶段	Var020	2	4	3.11	0.1019	0.1714
	Var021	2	4	3.17	0.0600	0.2145
	Var022	2	3	2.67	0.0886	0.1851
	Var023	3	4	3.89	0.2457	0.0234
	Var024	3	5	4.17	0.0409	0.3183
	Var025	2	4	3.22	0.0271	0.2483
	Var026	3	4	3.28	0.1121	0.1609
	Var027	2	3	2.83	0.1873	0.0835
	Var028	2	4	3.06	0.0359	0.2393
	Var029	2	3	2.44	0.0631	0.2113
	Var030	2	4	3.06	0.0359	0.2393
	Var031	2	4	3.33	0.1067	0.3860
	Var032	2	4	3.00	0.1067	0.3860

续表

交易阶段	编码	最小值	最大值	平均值	标准误差	方差
更新完成阶段	Var033	2	4	2.67	0.0174	0.2941
	Var034	3	4	3.72	0.1121	0.1609
	Var035	2	4	3.11	0.1019	0.1714
	Var036	3	4	3.28	0.1121	0.1609
	Var037	3	4	3.78	0.1443	0.1278

2. 综合效益维度的评价

（1）调查背景

2017 年 10 月 7 日至 2018 年 11 月 20 日，调研组采用与上述交易成本类似的调研方法，邀请与湘江宾馆保护工程及周边地块棚改案相关的人员，如居民、开发商及专家等，分别对情景 1、情景 2 的综合效益进行评估，其中回收有效受访问卷 60 份。采用上述的 Cronbach'α 系数进行数据可靠性分析，计算各项指标的平均值、标准误差及方差等统计值。

（2）情景模拟

①情景 1：假设未采用该项激励政策工具，更新按照既有方式进行模拟。

情景 1 的 Cronbach'α 系数为 0.879，而其标准误差与方差的值也均较少，反映量表测度具有可靠性。按照上述综合效益指标权重及综合效益评价的计算方式，计算得到情景 1 的综合效益评价值为 2.56（表 7-8）。

表 7-8　问卷数据统计性描述——情景 1

准则层	指标	最小值	最大值	标准误差	方差	平均值	权重值	加权得分
经济效益	X_1	2	4	0.0989	0.2164	3.13	0.0196	0.06
	X_2	2	4	0.2182	0.3399	2.53	0.0377	0.10
	X_3	2	3	0.0601	0.0519	2.87	0.0143	0.04
	X_4	2	3	0.0989	0.2164	2.47	0.0234	0.06
	X_5	2	3	0.0601	0.0519	2.13	0.0713	0.15
	X_6	3	3	0.0435	0.1140	2.20	0.0874	0.19
社会效益	X_7	2	3	0.0325	0.0925	2.80	0.0340	0.10
	X_8	3	4	0.0201	0.0840	3.20	0.0264	0.08
	X_9	3	4	0.1506	0.0418	3.07	0.0182	0.06
	X_{10}	2	3	0.0714	0.1880	2.33	0.1210	0.28
	X_{11}	2	3	0.0899	0.2071	2.40	0.0114	0.03
	X_{12}	2	3	0.0422	0.1577	2.27	0.0521	0.12

续表

准则层	指标	最小值	最大值	标准误差	方差	平均值	权重值	加权得分
社会效益	X_{13}	2	3	0.0899	0.2071	2.60	0.0675	0.18
	X_{14}	2	3	0.0601	0.0519	2.87	0.0119	0.03
	X_{15}	2	3	0.0714	0.1880	2.67	0.0214	0.06
	X_{16}	2	3	0.0356	0.0896	2.80	0.0935	0.26
环境效益	X_{17}	2	4	0.0349	0.0780	3.00	0.0338	0.10
	X_{18}	2	3	0.0714	0.1880	2.67	0.0405	0.11
	X_{19}	2	4	0.1735	0.2936	2.73	0.0993	0.27
	X_{20}	2	3	0.0989	0.2164	2.53	0.1132	0.29

②情景 2:采用该项激励政策工具,开展更新的现实状况。

按照上述计算方法,得到情景 2 的综合效益评价值为 2.91(表 7-9)。

表 7-9 问卷数据统计性描述——情景 2

准则层	指标	最小值	最大值	标准误差	方差	平均值	权重值	加权得分
经济效益	X_1	3	4	0.0899	0.2000	3.60	0.0196	0.07
	X_2	2	4	0.0308	0.1397	3.12	0.0377	0.12
	X_3	3	4	0.0899	0.2000	3.40	0.0143	0.06
	X_4	3	3	0.0800	0.2145	3.00	0.0234	0.07
	X_5	2	3	0.0271	0.1359	2.76	0.0713	0.20
	X_6	2	3	0.0526	0.1082	2.20	0.0874	0.19
社会效益	X_7	2	4	0.1276	0.2385	2.96	0.0340	0.10
	X_8	3	4	0.0800	0.1899	3.36	0.0264	0.09
	X_9	3	4	0.0665	0.1761	3.32	0.0182	0.07
	X_{10}	2	4	0.0838	0.1717	2.84	0.1210	0.34
	X_{11}	2	3	0.0334	0.0742	2.84	0.0114	0.03
	X_{12}	2	4	0.2375	0.3506	2.44	0.0521	0.13
	X_{13}	2	4	0.1172	0.0113	3.00	0.0675	0.20
	X_{14}	2	4	0.1851	0.2972	3.24	0.0119	0.05
	X_{15}	2	4	0.1879	0.3000	2.88	0.0214	0.06
	X_{16}	2	4	0.0454	0.1546	2.96	0.0935	0.28

续表

准则层	指标	最小值	最大值	标准误差	方差	平均值	权重值	加权得分
环境效益	X_{17}	3	4	0.0800	0.1899	3.36	0.0338	0.11
	X_{18}	2	4	0.1426	0.2538	2.84	0.0405	0.12
	X_{19}	2	4	0.0899	0.2037	2.80	0.0993	0.28
	X_{20}	2	4	0.0081	0.1045	3.08	0.1132	0.35

3. 容量奖励激励工具的决策矩阵分析

(1) 评价结果

由对上述交易成本评价及综合效益评价分析可知，情景 2 的交易成本相对于情景 1 有所下降，而其综合效益值相对于情景 1 有所上升（表 7-10）。由上述的激励工具决策矩阵分析模型可知，反映该容量奖励的产权激励工具政策实施后具有一定的效用。

注：根据第 3 章所构建的产权激励政策工具评价的矩阵决策模型，该政策工具效用属于“情形 1”，即若某一项产权激励政策工具实施前后，其交易成本“↓”、综合效益“↑”或综合效益“—”，则该项政策工具有效。

表 7-10 容量奖励激励工具效用评价情况

	交易成本评价值	综合效益评价值
情景 1	125.15	2.56
情景 2	120.39	2.91

(2) 主要受影响指标

①交易成本方面。从上述交易成本评价可知，情景 2 相对于情景 1 的交易成本有所下降，通过计算两种情景中各项指标评价均值的差值，如在 Var004、Var006 等指标上差异较大（差值大于 0.3），具体结果见图 7-12，通过不同情景的结果对比分析发现，在此项激励政策工具影响下，产权人意愿征集，意愿表达及相关材料的准备（决策过程），拆赔协议谈判，建筑、景观及工程方案审查，产权交易（产权买卖）等阶段的交易成本下降。

②综合效益方面。从上述综合效益评价可知，情景 2 相对于情景 1 的综合效益有所上升，通过计算两种情景中各项指标评价均值的差值，可发现主要在 X_1、X_2、X_9、X_{14}、X_{17} 等指标上差异较大，具体结果见图 7-13，在片区不动产增值、提高本区人口就业、保护及促进社区网络、历史建筑及特征的保护、提供公共开放空间等方面有较好的效果。

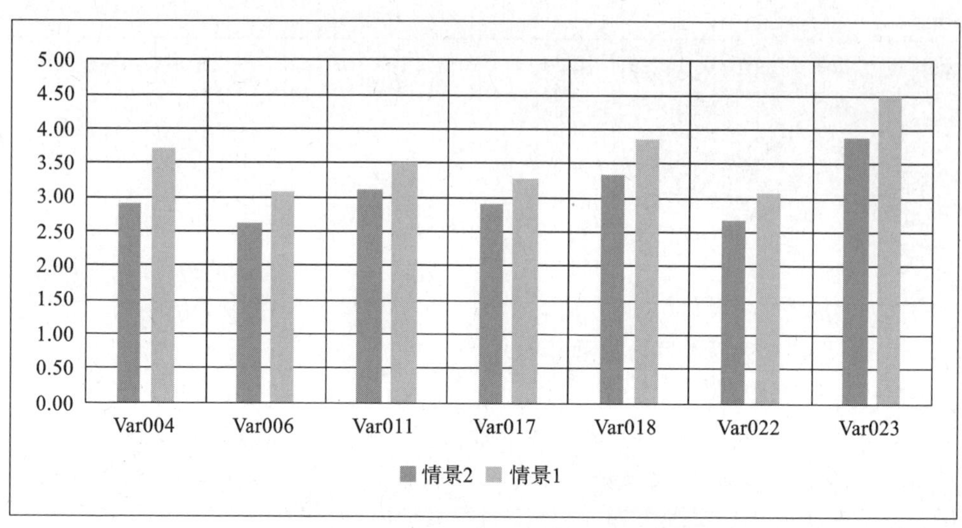

图 7-12　情景 1 与情景 2 的交易成本指标差异对比

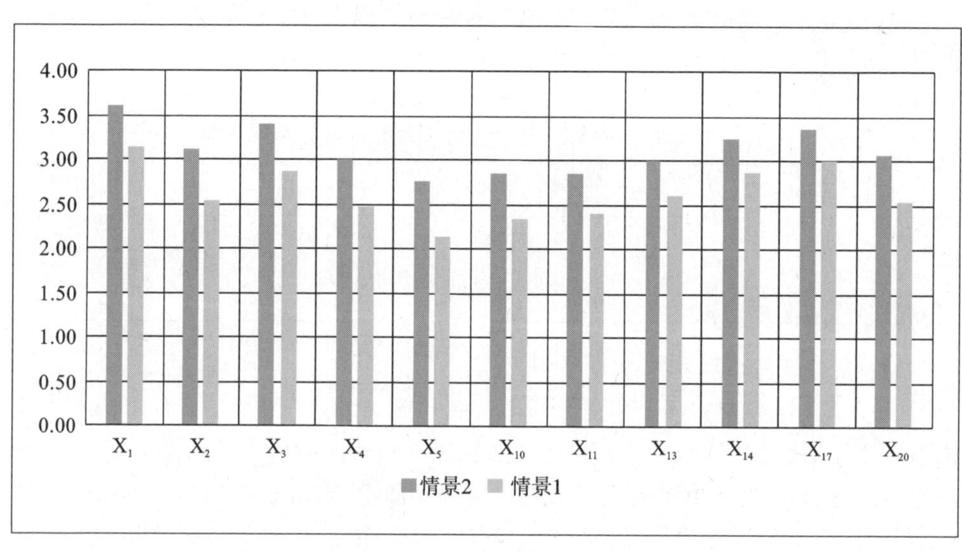

图 7-13　情景 1 与情景 2 的综合效益指标差异对比

7.2.3　案例小结

其实当时用地权属单位在向规划部门提出进行容量调整修改的时候，规划部门并没有意识到这是一种奖励行为，仅仅是不得已而为之的选择。作为企业化管理的事业单位，湘江宾馆已于 2008 年停止营业，454 名职工（其中离退休职工 185 人）的工资、社保等费用全部靠借贷发放，已累计负债 1.05 亿元，只有进行发展转型、产业更新，安置企业职工再就业，才能解决这个棘手的问题。而产权主体看到

了规划工具的效益，规划部门也只能通过容量奖励的工具让市场来解决这个问题，才有了案例分析的方案，既保住了历史，又让利益相关人获益，也让街区得到了发展，是一个共赢的结果。

从这个案例可以看出，容量奖励的政策工具能够在城市更新、空间资源再配置过程发挥更大的效用。

7.3　空间置换激励的案例及其效用分析

7.3.1　案例："××宗地"用地置换案

1. 基本情况

"××宗地"位于《××城市群生态绿心地区总体规划(2010—2030)》(以下称《绿心总规》，见图 7-14)所划定的绿心范围内，面积约 600 亩，在《绿心总规》中为禁止和限制开发区，其中限制开发区约 410 亩，禁止开发区约 190 亩。根据《××城市群生态绿心地区保护条例》(下称《条例》，2012 年 11 月，省人大常委会通过了《条例》，并于 2013 年 3 月 1 日起实施，将绿心保护上升到了法律层次)，"生态绿心地区总体规划颁布实施后，除因国家重大建设项目等确需修改的外，不得进行修改"，且"禁止开发区内，除生态建设、景观保护建设、必要的公共设施建设和当地农村居民住宅建设外，不得进行其他项目建设"，详见表 7-11。

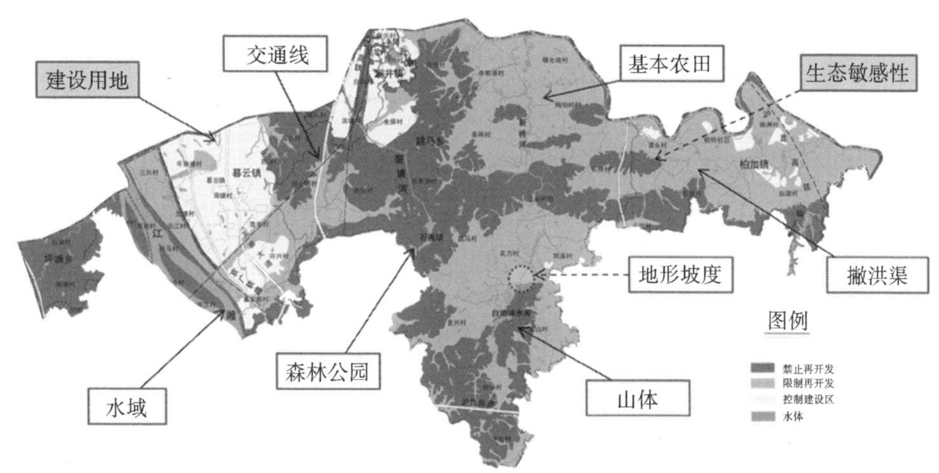

图 7-14　××城市群《绿心总规》空间管制分区划分要素示意

资料来源：《××城市群生态绿心地区总体规划(2010　2030)》(长沙部分)实施评估。

表 7-11　××城市群《绿心总规》空间管制分区信息一览表

分区名称	面积/km²	比例/(%)	坡度/(°)	类型	管制策略	管制措施
禁止开发区	129.88	50.43	≥25	生态极度和高度敏感区、城际生态隔离带、重点公益林区、相对集中连片的基本农田、泄洪区等	整治外迁为主，加大生态补偿资金投入	非经特殊许可不得建设，严禁进行开山、爆破等活动
限制开发区	141.05	37.98	15～25	生态中度和低度敏感区、湘江及其主要支流两岸河堤背水坡脚向外水平延伸 100 m 以内地区等	鼓励发展高端低碳第一、第三产业，严禁发展第二产业，逐步集中安置生态绿心地区人口	坚持保护优先、适度开发原则。可发展生态农业，旅游休闲业；可进行生态建设、景观保护建设、村镇建设等
控制开发区	34.76	11.59	<15	现状已集中连片建设的区域、生态非敏感区、地势较为平坦且现状条件具备较大利用潜力的区域	解决原住民的居住、生活和就业问题，修改、置换城市产业职能，实现产业转型	严格限制开发建设范围，规模化梯度推进发展，高效集约利用土地，保证生态廊道的连通性与完整性

资料来源：《××城市群生态绿心地区总体规划(2010—2030)》。

根据《××市总体规划修改(2003—2020)》(2011 年修改)，该地块为发展备用地，《××县××镇城市总体规划(2004—2020 年)》已于 2006 年经县政府审定，该地块规划为村镇建设用地。地块西侧、南侧和北侧均已建成。考虑到周边已建成的事实，该宗地作为禁建区和限建区的生态正外部性降低。综合以上因素，政府在对该宗地进行用地审批的时候，准许进行空间置换，即"在保证《××城市群生态绿心地区总体规划(2010—2030 年)》绿心禁建区、限建区总面积不变的前提下"，在镇域内选取了一宗建设用地与该禁建区、限建区进行等面积置换，即将×镇××铁路、城际铁路两厢约 600 亩建设用地置换为禁建、限建用地，实现了空间置换。

2. 再配置成效

绿带(××绿心地处三市交界处，称作绿心)作为治理城市蔓延的政策工具被引入中国，利用绿带、绿楔、绿心等手段控制城市蔓延。城市蔓延是 20 世纪 50 年代后西方发达国家经济快速发展、城市化进程加速背景下城市发展面临的重大问

题，带来了城市运营成本的增加、土地消耗及开敞空间侵蚀等问题。西方国家针对不断恶化的蔓延问题制定了应对政策和措施，如农地区划政策、土地开发许可制度、土地供给计划、税收政策、公共资本投资、开发权转移、设定城市发展边界或绿带等，尤以绿带政策影响较大、历史悠久，霍华德的“田园城市”、芒福德的“有机秩序”、恩温的“伦敦绿带”(Green Girdle)方案、艾比克隆比的“大伦敦规划”等规划理论与实践，共同推动了绿带政策的完善和发展，使其逐渐发展成为一种受人关注、具有广泛适应性的重要政策工具。

英国伦敦是率先实施绿带政策的地区，在其带动下，日本东京、加拿大渥太华、韩国首尔、澳大利亚墨尔本等城市先后实施了绿带政策。相对而言，伦敦和渥太华是较为成功的案例，而东京、首尔和墨尔本在城市化的压力下，绿带政策在不同程度上进行了妥协。造成这种现象的原因是多方面的，但从经济学的角度来看，主要有两方面：一是由于城市发展，土地价值攀升，从而吸引投资者购买“绿带”中的土地，一旦获得规划许可，一公顷的土地，价值可以从 8000 英镑飙升至 123 万英镑，土地价值增长达 150 倍，面对城市增长和土地的有限性的双重压力，绿带政策受到了考验，巨大的经济利益诱使投资人和土地拥有者说服绿带立法机构改变其相关管控要求；另一方面，由于绿带政策管控限制了土地的发展，使得原住民改善住房和公共服务的能力受限，反而刺激绿带地区的原住民将农用地转变为非农用地。从以上两个方面的分析可以看出，经济发展和生态管控这一对矛盾体在绿带政策实施过程中博弈演化，从而导致作为控制城市蔓延工具的绿带政策实施效果有限。

20 世纪 90 年代后，中国城市化步入了快速发展期，城市空间蔓延式扩张在全国各地出现，建设用地快速扩张直接导致了耕地被占用、生态环境遭到破坏等问题。为应对城市蔓延与扩张，一些城市提出了通过建设环城绿带来控制城市无序扩张的理念(潘鑫，2008)。如 1958 年，北京城市规划就提出了在市“中心大团”和边缘集团之间以及各边缘集团之间设置农田和绿带隔离带，不过在后来的城市建设中，由于措施不到位，导致城市空间的扩张失控。可以说绿带政策一直在探索中完善，越来越多的城市，如上海、成都、天津、武汉、长株潭城市群等也开始借鉴国外城市增长管理的经验，制定绿带相关政策来控制城市的无序蔓延。

与西方国家的情况类似，绿带政策在本土化过程中也困难重重：北京第 1 道绿带被认为已经演化为建成区；上海、成都的绿带也仅存绕城路两侧的绿化带。在这一背景下，全国各大城市纷纷探索城市空间增长与生态保护协调发展的新路径，从控制城市发展的角度制定城市开发边界或空间增长边界，从保护生态的角度制定城市生态控制线，或从区域角度划定绿心，如长株潭城市群区域。但随着经济的发展和城市化进程的加快，城市扩张与绿带控制的矛盾日益尖锐。作为一项抑制城市蔓延的规划政策工具，绿带是什么？有什么作用？已成为当前中国城镇化发展面临的难题。

实践表明，由于缺乏用经济思维制定的“规划蓝图式”治理手法，在当下快速城镇化背景下，忽视了绿带正外部性生态效益保护的低经济回报率与其城市开发带来的高经济回报率之间的矛盾，其制定的管制型保护政策都是低效的，如何将绿带正外部性内在化成为化解矛盾的关键。

在此案例中，“宗地”所在镇有90%以上的用地位于绿心范围内，覆盖面积达57.98 km^2，其中禁止开发区面积17.17 km^2。然而，近年来该镇充分利用湖南暮云经开区作为省级园区的发展平台，加强招商引资力度，加大基础设施建设投入和新进项目建设，加快了全镇工业化和城镇化建设的步伐。全镇累计引进项目105个，其中工业项目67个，招商引资到位内资30.84亿元。境内规模企业达到25家，有伊莱克斯、美国LP公司、泰国正大3家世界500强企业，年产值过亿元，形成了塑胶、汽车配件、机械制造、食品加工、建筑材料五大产业支柱。暮云镇绿心范围内已建项目15个，涵盖产业、公共服务、房地产开发等多个项目门类，总建设用地规模361.98 hm^2。

通过空间置换的方式，考虑片区禁止开发区的延续性、方便规划控制与实施管理，结合基地实际，本着绿心范围内建设用地“占补平衡”的原则，将片区原《绿心总规》划定的建设用地转化为禁止和限制开发区。这种方式既解决了绿心保护的问题，又实现了发展，从制度经济的角度探索了一条绿心治理的柔性路径。

7.3.2 空间置换的激励效用评价

1. 交易成本维度的评价

(1) 调查背景

2017年10月7日至2018年11月20日，调研组分别邀请对城市空间资源再配置中各个交易阶段非常熟悉的相关人员对情景1、情景2的交易成本进行评估，如开发商、城市更新办等。采用案例1的调查方法，即结构式问卷与半结构式访谈，采用此种方式总共访谈20位专业人员，并回收有效受访问卷20份。采用上述案例1的Cronbach'α系数进行数据可靠性分析，并且计算各项指标的平均值、标准误差及方差等统计值。

(2) 情景模拟

①情景1：假设未采用该项激励政策工具，更新按照既有方式进行模拟。

此次情景1的问卷信度的Cronbach'α系数为0.854，大于0.8，也是一种可以接受的信度系数，反映量表测度结果具有可靠性。其标准误差与方差也相对较少，反映各项指标波动较少，各项指标所测度的结果具有内在一致性。

按照上述交易成本评价的公式，将各项指标评价的平均值累加，得到该案例的情景1在交易活动中所产生的成本，依据表(7-12)可计算得到交易成本为123.57。

表 7-12　问卷数据统计性描述——情景 1

交易阶段	编码	最小值	最大值	平均值	标准误差	方差
更新启动阶段	Var001	3	5	4.00	0.0501	0.1785
	Var002	3	4	3.50	0.0845	0.2547
	Var003	2	4	3.21	0.0500	0.2189
	Var004	3	4	3.36	0.1079	0.2789
	Var005	2	4	2.86	0.0292	0.1072
	Var006	2	4	3.00	0.0830	0.1644
	Var007	4	4	4.00	0.0845	0.2547
	Var008	3	4	3.43	0.0502	0.2021
	Var009	3	4	3.43	0.0449	0.2136
	Var010	3	4	3.21	0.0449	0.2136
	Var011	2	4	3.29	0.0397	0.1258
	Var012	3	4	3.43	0.1390	0.3112
规划编制阶段	Var013	2	3	2.64	0.0449	0.2136
	Var014	4	5	4.14	0.0292	0.1972
	Var015	2	4	3.64	0.1001	0.0631
	Var016	3	5	3.71	0.1603	0.3333
	Var017	3	4	3.29	0.1390	0.3112
	Var018	4	5	4.29	0.1078	0.1987
	Var019	2	3	2.86	0.0918	0.1688
产权交易与报批阶段	Var020	3	4	3.29	0.1001	0.0631
	Var021	3	4	3.29	0.1078	0.1987
	Var022	2	4	3.00	0.0918	0.1688
	Var023	3	4	3.93	0.1047	0.2794
	Var024	3	4	3.93	0.0725	0.1327
	Var025	3	4	3.50	0.0925	0.2327
	Var026	3	4	3.50	0.1507	0.2889
	Var027	2	4	2.86	0.1045	0.2189
	Var028	2	4	3.21	0.0651	0.2345
	Var029	2	3	2.36	0.1079	0.2789
	Var030	2	4	2.93	0.0292	0.1972
	Var031	3	4	3.50	0.0874	0.1746
	Var032	2	4	3.14	0.0971	0.2189

续表

交易阶段	编码	最小值	最大值	平均值	标准误差	方差
更新完成阶段	Var033	2	3	2.71	0.0651	0.2345
	Var034	3	4	3.43	0.1018	0.1688
	Var035	2	4	2.86	0.0449	0.2136
	Var036	3	4	3.36	0.0651	0.2345
	Var037	3	4	3.50	0.0782	0.1972

②情景 2:采用该项激励政策工具,开展更新的现实状况。

通过交易成本评价的公式,依据表 7-13 可计算在城市空间资源配置过程中交易活动所产生的交易成本为 118.56。

表 7-13　问卷数据统计性描述——情景 2

交易阶段	编码	最小值	最大值	平均值	标准误差	方差
更新启动阶段	Var001	3	5	4.00	0.0174	0.2941
	Var002	3	4	3.50	0.0600	0.2145
	Var003	2	4	3.17	0.0409	0.3183
	Var004	2	3	2.94	0.0809	0.1643
	Var005	1	3	2.06	0.1449	0.4254
	Var006	2	3	2.50	0.0600	0.2145
	Var007	4	5	4.11	0.2457	0.0234
	Var008	2	5	2.89	0.0973	0.2764
	Var009	2	3	2.83	0.0873	0.1835
	Var010	3	4	3.22	0.1443	0.2278
	Var011	2	4	3.33	0.0174	0.0941
	Var012	3	4	3.44	0.0631	0.2113
规划编制阶段	Var013	2	3	2.61	0.0725	0.2016
	Var014	3	5	3.94	0.0359	0.2393
	Var015	2	4	3.67	0.074	0.21941
	Var016	3	5	3.78	0.0685	0.2223
	Var017	3	4	3.28	0.0845	0.1609
	Var018	3	5	4.17	0.0600	0.2145
	Var019	2	3	2.83	0.0873	0.1835

续表

交易阶段	编码	最小值	最大值	平均值	标准误差	方差
产权交易与报批阶段	Var020	3	4	3.28	0.0749	0.1609
	Var021	2	3	2.83	0.0773	0.1835
	Var022	2	3	2.61	0.0725	0.2016
	Var023	3	4	3.89	0.1457	0.2734
	Var024	3	5	4.00	0.1267	0.2430
	Var025	2	3	2.94	0.3309	0.0643
	Var026	3	4	3.06	0.3309	0.0643
	Var027	2	4	2.83	0.0600	0.2145
	Var028	2	4	3.22	0.0271	0.2483
	Var029	2	3	2.33	0.0886	0.1851
	Var030	2	4	2.89	0.1019	0.1714
	Var031	3	4	3.50	0.0600	0.2145
	Var032	2	4	3.11	0.0066	0.2830
更新完成阶段	Var033	2	3	2.56	0.0631	0.2113
	Var034	3	4	3.50	0.0600	0.2145
	Var035	2	4	2.83	0.0600	0.2145
	Var036	3	4	3.33	0.0886	0.1851
	Var037	3	4	3.56	0.0631	0.2113

2. 综合效益维度的评价

(1) 调查背景

2017 年 10 月 7 日至 2018 年 11 月 20 日，调研组采用与上述交易成本类似的调研方法，邀请与用地置换案例相关的人员，如原地居民、开发商及政府人员等，分别对情景 1、情景 2 的综合效益进行评估，其中回收有效受访问卷 78 份。采用上述的 Cronbach'α 系数进行可靠性分析，计算各项指标的平均值、标准误差及方差等统计值。

(2) 情景模拟

①情景 1：假设未采用该项激励政策工具，更新按照既有方式进行模拟。

情景 1 的 Cronbach'α 系数为 0.846，而其标准误差与方差的值也均较少，反映量表测度也具有可靠性。按照上述综合效益指标权重及综合效益评价的计算方式，计算得到情景 1 的综合效益评价值为 2.35(表 7-14)。

表 7-14　问卷数据统计性描述——情景 1

准则层	指标	最小值	最大值	标准误差	方差	平均值	权重值	加权得分
经济效益	X_1	2	2	0.0899	0.2071	2.40	0.0196	0.05
	X_2	2	2	0.0601	0.0519	2.13	0.0377	0.08
	X_3	2	2	0.0422	0.1577	2.27	0.0143	0.03
	X_4	2	2	0.0601	0.0519	2.13	0.0234	0.05
	X_5	2	1	0.0422	0.1577	1.73	0.0713	0.12
	X_6	1	1	0.0714	0.1880	1.33	0.0874	0.12
社会效益	X_7	2	2	0.0714	0.1880	2.33	0.0340	0.08
	X_8	2	2	0.0989	0.2164	2.47	0.0264	0.07
	X_9	2	2	0.0989	0.2164	2.47	0.0182	0.04
	X_{10}	2	2	0.0714	0.1880	2.67	0.1210	0.32
	X_{11}	2	2	0.0000	0.1140	2.20	0.0114	0.03
	X_{12}	1	1	0.1735	0.2936	1.93	0.0521	0.10
	X_{13}	2	2	0.0899	0.2071	2.40	0.0675	0.16
	X_{14}	3	2	0.1055	0.5338	3.13	0.0119	0.04
	X_{15}	2	2	0.0899	0.2071	2.60	0.0214	0.06
	X_{16}	3	2	0.0000	0.1140	2.80	0.0935	0.26
环境效益	X_{17}	2	2	0.0000	0.1140	2.80	0.0338	0.09
	X_{18}	2	1	0.1963	0.3172	2.33	0.0405	0.09
	X_{19}	3	2	0.0422	0.1577	2.73	0.0993	0.27
	X_{20}	3	2	0.0989	0.2164	2.53	0.1132	0.29

②情景 2：采用该项激励政策工具，开展更新的现实状况。

按照上述计算方法，得到情景 2 的综合效益评价值为 3.01（表 7-15）。

表 7-15　问卷数据统计性描述——情景 2

准则层	指标	最小值	最大值	标准误差	方差	平均值	权重值	加权得分
经济效益	X_1	3	5	0.1400	0.3532	3.48	0.0196	0.08
	X_2	2	4	0.0308	0.1397	3.12	0.0377	0.12
	X_3	3	4	0.0899	0.2078	3.20	0.0143	0.05
	X_4	3	4	0.0078	0.1082	3.20	0.0234	0.07
	X_5	3	4	0.1172	0.2113	3.00	0.0713	0.21
	X_6	2	4	0.0559	0.1512	3.04	0.0874	0.27

续表

准则层	指标	最小值	最大值	标准误差	方差	平均值	权重值	加权得分
社会效益	X_7	2	4	0.1276	0.2385	2.96	0.0340	0.11
	X_8	3	4	0.0271	0.1359	3.24	0.0264	0.09
	X_9	2	4	0.1524	0.3658	3.12	0.0182	0.07
	X_{10}	2	4	0.0899	0.2078	3.20	0.1210	0.39
	X_{11}	2	3	0.0800	0.1899	2.36	0.0114	0.03
	X_{12}	2	3	0.0665	0.1761	2.32	0.0521	0.12
	X_{13}	2	3	0.0964	0.2066	2.56	0.0675	0.17
	X_{14}	2	4	0.1997	0.3141	3.48	0.0119	0.04
	X_{15}	2	4	0.1657	0.2774	3.40	0.0214	0.07
	X_{16}	3	4	0.0996	0.2099	3.48	0.0935	0.33
环境效益	X_{17}	3	4	0.0334	0.0742	3.16	0.0338	0.11
	X_{18}	2	4	0.2145	0.3272	3.32	0.0405	0.13
	X_{19}	2	3	0.0064	0.1082	2.80	0.0993	0.28
	X_{20}	2	3	0.0996	0.2099	2.48	0.1132	0.28

3. 空间置换激励工具的决策矩阵分析

(1) 评价结果

由上述的交易成本评价及综合效益评价可知，情景1的交易成本相对于情景2有所上升，而其综合效益值相对于情景2有所下降(表7-16)。由上述的激励工具决策矩阵分析模型可知，反映该空间置换的产权激励工具政策实施后具有一定的效用。

注：根据第3章所构建的产权激励政策工具评价的矩阵决策模型，该政策工具效用属于“情形1”，即若某一项产权激励政策工具实施前后，其交易成本“↓”、综合效益“↑”或综合效益“—”，则该项政策工具有效。

表7-16 “空间置换”激励工具效用评价情况

	交易成本评价值	综合效益评价值
情景1	123.57	2.35
情景2	118.56	3.01

(2) 主要受影响指标

①交易成本方面。从上述的交易成本评价可知，情景2相对于情景1的交易成本有所下降，通过计算两种情景中各项指标评价均值的差值，可发现主要在Var004、Var005、Var006、Var008，Var009，Var021等指标上差异较大，具体结果见

图 7-15，即意愿表达及相关材料的准备（决策过程）、寻找项目合作方、物业权属核查、拆赔协议谈判、形成单一实施主体等过程中，交易成本降低幅度较大，该激励工作对降低以上过程的交易成本有效。

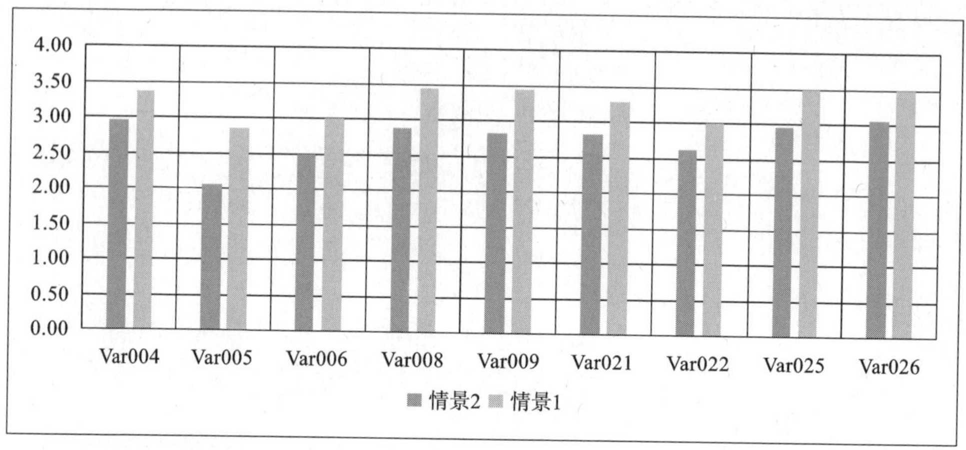

图 7-15 情景 1 与情景 2 的交易成本指标差异对比

②综合效益方面。从上述综合效益的评价可知，情景 2 相对于情景 1 的综合效益有所上升，通过计算两种情景中各项指标评价均值的差值，可发现主要在 X_1、X_4、X_6、X_7、X_{15} 等指标上差异较大，具体结果见图 7-16，即该项奖励工作在促进片区不动产增值、有效利用土地及空间、商业服务业业态多样性、改善/保存本区特质、提供公共设施等经济效益方面效用明显，从访谈结果来看，该项激励政策对改善/保存本区特质方面也有效用，即通过灵活的政策兼顾了生态保护与城市发展，也兼顾了公私利益。

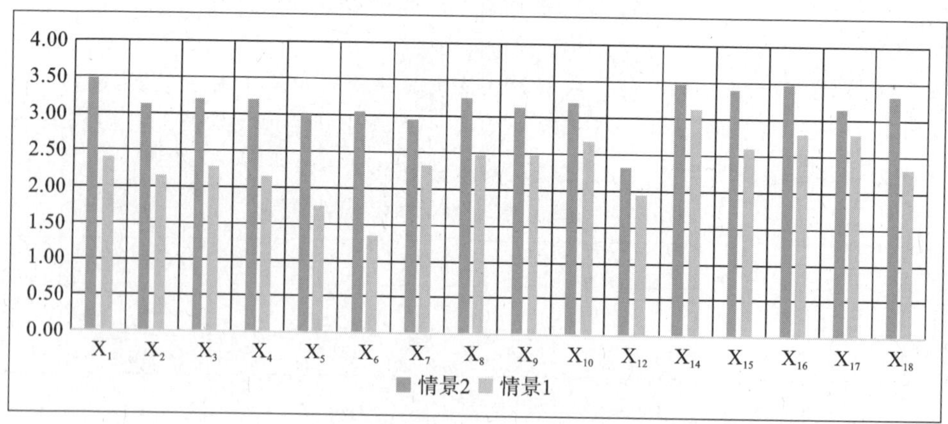

图 7-16 情景 1 与情景 2 的综合效益指标差异对比

7.3.3 案例小结

笔者通过在××市政务审批平台中以关键词“置换”进行检索，发现与之相关的案卷有306条，公文890个，会议66个，这也表明以土地置换、空间置换为政策工具在地方规划管理中已经有了很好的实践基础，通过置换进行零星用地整合，对空间布局进行合理调整，已成为越来越多市场主体面对规划管控的另一途径。城市政府也逐渐意识到，通过柔性激励政策来治理城市空间，或许比“一刀切”的方式收效更大。

按照传统规划管控的思维，城市生态保护、历史保护是非此即彼的关系。通过政策工具的改良设计，实现了柔性治理。

7.4 本章小结

本章结合在规划管理中的实际案例，对产权激励政策的应用情况进行了分析，并结合调查问卷与访谈的方式，对三种产权激励工作的效用进行了分析。在当前的制度环境下，通过产权激励的方法，可以在一定程度上解决城市空间资源再配置面临的交易成本增加与利益激励乏力的困境。这一章让笔者更加坚定了产权激励作为一种柔性治理工具的可行性及现实意义。

第8章　结论:关于新时代空间治理的思考

8.1　基本结论

①我们正处在一个转变的时代。近40年大规模快速城镇化历程给中国人民带来了向往的现代化城市生活,也为中国带来了翻天覆地的变化。但城镇化不可能以原有的速度和规模继续发展下去。人们越来越多地认识到,一方面,城市的不断发展是城市发展自身的规律,不以人的意志为转移;另一方面,城市不可能、也不应该总是以摧枯拉朽之势被彻底铲除而新建。城市持续的小规模渐进式更新改造更加符合城市的发展规律,也更符合人性的需求。城市空间资源再配置在这样的背景下进入了研究视野,其实有关于城市空间资源再配置的问题并非新话题,城市自产生之时起,就必然面临持续的改造和更新,而改造和更新就必然涉及资源再配置。于是一个迫切的研究需求就摆在了面前:原有的城市发展模式及其观念、城市规划理论及其实施机制,城市管理体制和机制都亟需转型。从其他学科借鉴经验,有助于我们转变理念和思维,以解决现有问题。

②产权与交易成本为城市空间资源再配置提供了重要的分析工具。当前,随着城市发展由“总量扩张”向“质量发展”转变,越来越多的城市在新一轮空间规划编制中提出了用地零增长的目标,最为直接的影响就是城市不再像以前一样具有快速增长的空间规划条件。同时,随着经济结构的转型发展,地方政府通过土地出让获取巨额增值收益的时代将一去不复返,而通过产权的交易、产权的重组、产权的重划、权能的变化等方式,改变产权结构与产权关系而进行空间资源再配置将成为未来城市空间发展、资源配置的调整及利用的效用提升的主要路径。

然而,资本市场具有天然的逐利性质,在城市空间资源面临初始配置“零增长”的政策背景下,存量的空间资源将更加稀缺,市场资本只有通过产权交易介入,完成独立开发或联合开发。现实的困境是,城市空间资源再配置过程需要面对产权分散化、多元化的现实世界,就需要政府面对多元利益主体与利益诉求,以政策工具来规范资源再配置行为,进而实现三方利益诉求,即政府尽量在资源再配置博弈中争取更多的公共利益;产权人则通过资源再配置使其获取更多的利益;市场在实现其资本利益最大化的同时,亦能实现社会效益,最终实现综合效益的提升。

通过对相关文章的分析,可知产权及交易成本与新时期城市空间资源再配置具有关联性,充分认识、分析城市空间资源的产权关系,研究城市空间资源再配置

过程的产权交易过程，可以厘清再配置过程中的核心关系与结构，实现空间资源稀缺性效用最大化。在效用的解释框架下，“两利相权取其重，两害相权取其轻”将会是再配置过程中的常见选择，如何通过政策保障交易成本最小与效益最大化的产权交易，实现空间资源的合理再配置，将是未来城市规划领域需要重点关注的问题。由此看来，产权与交易成本将成为当下城市规划领域需要研究并加以利用的重要理论工具。

③规划从技术型转向兼具技术与政策属性的治理型的必然。城市规划是一综合性的应用学科，往往通过借鉴不同领域的观点或理论，如经济、社会与政治学的理论，传统理论认为规划是处理公共领域(public domain)的问题与促进社会公共利益(Friedmann,1987)的学科。早期的规划借助福利经济学的观点，认为工业革命所带来的城市环境与公共卫生问题，正是由于市场失灵所导致的环境恶化，即公共产品(public goods)与外部性(externalities)问题。政府通过干预，科学化地完成空间规划，以避免市场机制下产生外部性过多与公共产品不足的问题。因此，早期的规划师、建筑师、工程师以政府主导，自上而下地进行蓝图规划、建设与改造城市空间(Wilson,1996)。但西方大量的实践表明，政府主导的蓝图规划并不成功，Campbell and Fainstein (1996)认为失败主要归因于：一个蓝图式的城市规划必须依托完整的信息与正确的预测，这是一个不可能的任务；再者，规划师不可能独立地拥有不受外界环境干扰的权力，相反，规划工作往往受到政治与外界环境等诸多因素的限制。

在城市规划实践的过程中，市场失灵与政府失灵让规划者意识到规划并非单纯的自上而下或工程技术标准，而是一种利益分配的工具，是一个“社会—空间”过程。所以，规划者开始逐步放弃蓝图式规划，强调渐进规划、自下而上的规划模式，让公众也参与规划(Alexander,1986)。规划发展的历史，就是规划者不断追求一种先进的规划程序与空间治理模式，能够有效协调公众的需求与分歧，使公共产品的开发能够更为公平与贴近公众需求的制度变革史。而在空间治理的制度选择上，究竟是政府主导还是市场主导一直以来都是规划者辩论不休的议题(Alexander,2001)。近年来，西方学者开始反思，空间治理是不是只有市场主导或政府主导两种选择，两者是不是泾渭分明的。显然，传统市场失灵与政府干预的规划理论，已经无法指导当下的空间治理。正是源于这一发展背景，西方规划界开始跳出对于城市空间资源配置与再配置的讨论以及空间治理的主体是政府或市场的非此即彼的二元化讨论，尤其新制度经济学的引入，让西方规划界对于公共产品的概念与空间治理的关系产生了不少新颖的见解与看法。而这些讨论也能对我国规划理论与实践有所帮助，进而促进更多讨论与看法。

在不远的将来，一群以工程技术见长的规划师将逐步转型，他们将学会从治理工具的角度去思考城市空间资源配置与再配置的问题，这并非个人的转变，而是一个行业的转型。

8.2 转型之路——基于制度经济的空间治理

①引入产权交易与产权运行对城市空间资源再配置过程进行分析，进而提出了产权激励方法与工具以应对再配置所面临的困境。

在空间资源再配置过程中，可供配置的资源是有限的，因此具有不同需求的利益主体会在再配置过程中进行激烈的竞争，并在竞争中找到利益关系的平衡。在再配置过程中，各类矛盾纠纷归根结底就是各方利益博弈的产物。城市空间资源再配置的实质就是利益关系的重构：继承、调整、转让、重组。因此，用什么工具来解决利益矛盾，如何建立和谐的利益关系调和机制，是市场经济下城市空间资源再配置要解决的关键问题。

研究表明，基于价格和供求问题的新古典经济学理论在解决主体多元、产权复杂的城市空间资源再配置过程中会面临着成本高昂、动力不足等问题，将导致城市空间资源再配置失灵。当前，无论是旧城区还是工业棚户区，又或是历史城市的改造更新，都将面临非理性价格预期，新古典经济学的工具将失效，遭遇公共空间失衡，城市肌理与邻里关系的结构性破坏，忽视老旧房屋改造中本可以节约再利用的现实却取而代之以大拆大建等问题。

本书引入了新制度经济学的产权与交易工具，对城市空间资源再配置过程进行分析，以此引出城市空间资源再配置的本质——产权交易活动，并通过构建产权激励工具，以精打细算的交易成本分析，实现资源再配置的效用最大化，从而构建一套基于新制度经济学的城市空间资源再配置的经济学路径与方法体系，为城市规划在新时期的转型进行了有益的探索。

②以产权激励方法与工具的实现路径探索城市规划由技术型向治理型转型的理论与现实路径，提出了从刚性规制管控走向柔性激励治理的城市规划转型方向。

当前中国正经历着政治与经济双转型的变革，市场经济的发展及新一轮城镇化的到来，面临着个性化、多元化的诉求，各种冲突和困境都围绕着利益展开。当城市规划作为一种公共力介入城市空间资源安排时，必然会影响到空间资源使用者的利益。

城市规划通过对社会空间资源的配置，直接影响相关空间、建筑的价值——财产权利。如上所述，在城市空间资源再配置过程中，城市规划不再是单纯的功能布局与分配资源的问题，产权成为其解决问题的关键，正确处理居民的权益保护和公共利益的关系是处理政府与居民关系的行为准则。

本书旨在通过借助新制度经济学的相关理论，将其纳入城市规划的理论分析框架中，提出了产权激励理论及其应用实践，针对转型期的城市规划，实现了两个目标：一是通过产权激励政策工具的实现路径，探索城市规划由技术工具转向治理

工具的转型；二是通过产权激励的实现，探索了从规制管控走向柔性激励治理的城市规划理念、方法的转变。

由此可见，新时代的城市规划应是一种治理型规划，兼具技术工具与政策工具的双重属性。

(1) 规划的性质：基于"正交易成本"的产权交易的治理工具

城市规划作为一种资源与公共利益配置的政策工具，借助市场机制以实现资源配置的效率，再通过政府的干预以保证再分配的公正性，最终实现维护公民的公共利益和保障其权利。

交易过程本身就是权利重新界定的过程，任何交易都是权利的交易，权利必然会随着交易的完成而增加，因此，权利范围的变化使权利得到重新界定。当市场难以达到效率要求时，政府可以作为一种替代性的制度框架；同时我们也应该清楚地认识到，政府干预和有效的产权安排并不是无条件的，不恰当的政府干预反而会造成政府失灵，使产权结构陷入非效率均衡(如现有土地征收制度造成了城乡土地权利的差异)。如城市规划全过程的产权得以明晰，谁拥有产权，他人和法律就会允许他以某种方式行事，这样便可以帮助个人在与他人的交往中形成一个合理的预期和安排，如果产权不明确，会给合作与交换、资源的保护、资源的配置以及资源配置效率的判断带来很大的困难。

笔者认为，城市规划就是组织与组织、个人与个人、组织与个人之间的权利交换关系，是国家(政府)、城市规划服务机构、开发商、公众对于城市规划活动有关的组织、个人之间合约的缔结、履行过程，其本质是产权交易。因此，从城市规划的全过程来讲，可以从时间和空间两个维度来诠释，城市规划的全过程就是一个"非均衡—均衡"的循环过程，受到内外部环境影响因素的作用，从而引发制度变迁，进而通过制度作用于再配置过程。

(2) 规划的目标：降低成本与增加效用

任何一个规划过程交易的合约都是人们利用自己的权利同他人签订的。在产权理论看来，市场中的任何物品，都是一个约束了权利的组合，因此，城市规划过程中的任何交易同市场上所有的交易一样，其本质都是产权交易。城市规划过程的交易成本就是其运行过程中不同产权主体(包括组织和个人)之间进行产权交易而发生的成本，或者可以理解为参与城市规划活动的各产权主体缔结、履行合约过程中所发生的成本。如何通过政策保障交易成本最小与效益最大化的产权交易，实现空间资源合理再配置将是未来城市规划领域需要重点关注的问题。

(3) 规划的方法："规则"制定

从现代城市规划起源以来，西方城市规划经历了三个主要阶段和两次范式转换。第一阶段主要关注物质空间环境问题；第二阶段主要关注社会空间；第三阶段关注公共政策，并逐步形成了基于公共政策的空间规划体系。然而，中国城市规划仍然被实质性地定义为工程技术工具，为城市发展制定空间蓝图(Taylor，1998)，其经济、社会和政策内涵都局限于研究层面。按照新制度经济学的观点及本书的分析与研究，城市规划作为城市空间资源配置与保障公共利益的政策工具，其制定与监督中也存在交易成本。正如亚历山大在其论文 *A Transaction Cost Theory of Planning* 所指出的：市场并没有本质地需要规划，它也并非一种必然的政府干预，而是一种基于对市场行为的协调（coordinative）和治理（governance）。城市规划应该必然地关注制度设计。从这个角度看，新制度经济学所提出的交易成本则是衡量其政策工具效用的核心工具与游戏规则好坏的重要标准。

因此，具有规则（即制度安排）属性的城市至少需要满足以下目标：一是利益方面，即提供一种结构，使得规划过程中的各利益主体获得一些在结构外不可能获得的追加收入，这里所指的利益是一个广义的概念，既包含了公共利益，又包含私利和集体利益；二是方式方面，就是通过规则的制定，以改变初始状态下无从下手的局面，通过方式的改变进而引起交易方式的变化，从而改变原有的规划方式，实现产权的交易。

诚然，一项好的规划其最大的特点就在于激发城市社会的活力，创设一个公平正义、快捷高效的制度环境，使得社会财富增加、社会公平得以实现，反之则不然。然而，好的规划与制度的形成并非一朝一夕可实现的，这是一个循序渐进、不断更新完善的过程。而这个过程的核心在于掌握了制度与政策设计技巧的新规划师能根据经济社会环境的变化而迅速调整与优化方案，将实践中的问题反馈给更高级的政策，规划系统则通过规划师构建一条通畅的政策生命周期环。

8.3 未来展望

党的十九大报告指出："增进民生福祉是发展的根本目的。""民生福祉"是衡量一切工作好坏的标准，这一目标与要求的提出揭示了城市的本质，也为城市规划的发展指明了方向，当前及今后的规划工作都要围绕这一要求展开。中国古代经典《左传》说："事以厚生，生民之道。""生"就是生命，"民"就是民生，而民生就是人民的生产、生活、生计的方方面面。所以，一切政治、经济、社会的活动，最终都要归结为民生的考虑。马克思指出："全部人类历史的第一个前提无疑是有生命的个人的存在。"生命是一切价值的原点与终点，具有终极意义的价值，其基本的精神在于对生命的尊重。规划的本质是人类对空间资源配置的规则，在此基础上谋求美好生活。规划的根本目的，就是"以人为本"、"以民为本"，提高"民生福祉"，城市规划面临着"价值转向"。

在关注"民生福祉"的价值导向下，城市发展也面临着实质性的环境转变，即从"高速度增长"转向"高质量发展"，从用地增长转向精明增长甚至零增长，对于未来而言，谋求城市发展空间的拓展将是一个需要持续努力的目标和方向。然而，城市

发展要摆脱增长主义还需要经历一个长期艰难的过程，而城市规划如何在新环境下发挥作用，就需要实现最为根本的范式转化。

在研究过程中，各地机构改革不断推进，关于建立统一空间规划体系的讨论愈发激烈。机构改革与空间规划体系重构只是城市规划转型发展的开始，一个新的城市规划的时代正在到来，以机构改革与空间规划体系重构为契机，城市规划作为政府完善空间治理体系、实现空间治理能力现代化的重要工具，迎来了一个新的起点。

面临着价值转向与范式转化的双转现实，城市规划的理论、方法都将发生深刻的变化，由此看来，城市规划任重道远。

参考文献

[1] ALEXANDER E R. Conclusions:Where Do We Go from Here? [M]. Evaluation in Planning. Springer Netherlands,1998.

[2] ALEXANDER E R. A Transaction Cost Theory of Planning[J]. Journal of the American Planning Association,1992,58(2):190-200.

[3] ALEXANDER E R. A Transaction-Cost Theory of Land Use Planning and Development Control:Towards the Institutional Analysis of Public Planning [J]. The Town Planning Review,2001,72(1):45-75.

[4] ALONSO W. Location and Land Use:Toward a General Theory of Land Rent[J]. Economic Geography,1964,42(3).

[5] BARZEL Y. Economic Analysis of Property Rights[M]. Cambridge:Press of the University of Cambridge,1997.

[6] BELLUSH J, HAUSKNECHT M. Urban Renewal:People, Politics and Planning[M]. Gadren City. New York:Doubleday,1967.

[7] CHERRY G E. Urban Revitalization:Policies and Programs[J]. Cities, 1996,13(3):224-5.

[8] CHI-MAN H E, SZE-MUN H V, KIM-HIN H D. Land Value Capture Mechanisms in Hong Kong and Singapore:A Comparative Analysis[J]. Journal of Property Investment & Finance,2004,22(1):76-100.

[9] CHUNG,WAI L L. The Economics of Land-Use Zoning:A Literature Review and Analysis of the Work of Coase[J]. Town Planning Review,1994, 65(1):77.

[10] CONNELLAN O,LICHFIELD N. Great Britain[J]. American Journal of Economic & Sociology,2000,59(5):24-29.

[11] DORFMAN R,SAMUELSON P A. Thunen at Two Hundred[J]. Journal of Economic Literature,1986,24:1773.

[12] EASTON D. A Framework for Political Analysis[M]. Englewood Cliffs: Prentice- Hall,1965:45-50.

[13] ALEXANDER E R. Institutionalism Perspective on Planning[J]. Institutions and Planning,2007(3):37-60.

[14] FUJITA M, KRUGMAN P. When is the Economy Monocentric? Von Thünen and Chamberlin Unified[J]. Regional Science and Urban Econom-

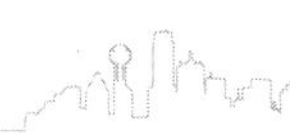

ics,1995,25(4):505-28.

[15] GITTELL R J. Renewing Cities[M]. Princeton University Press,1992.

[16] HARTWICK H J M. Efficient Resource Allocation in a Multinucleated City with Intermediate Goods[J]. The Quarterly Journal of Economics, 1974,88(2):340-352.

[17] HELPMAN E,PINES D. Land and Zoning in an Urban Economy:Further Results[J]. American Economic Review,2001,67(5):982-986.

[18] KNOX P L,Mccarthy L. Urbanization:An Introduction to Ubran Geography[M]. Englewood Cliffs,NJ:Prentice Hall,2005.

[19] MILLS D E. Competition and the Residential Land Allocation Process[J]. The Quarterly Journal of Economics,1978,92(2):227-244.

[20] MOLLENKOPF J H. The Contested City[M]. New York: University of Princeton Press,1983.

[21] MOLOTCH H. The City as a Growth Machine:Toward a Political Economy of Place[J]. China Ancient City,1976,82(2):309-332.

[22] NANCEY G L. Introduction to Environmental Constrains in Brownfield Redevelopment[J]. Economic Development Quarterly,1994,(4):325-328.

[23] OGAWA H,FUJITA M. Equilibrium Land Use Patterns in a Nonmonocentric City[J]. Journal of Regional Science. 1980,20(4):455-75.

[24] PAPAGEORGIOU G J,CASETTI E. Spatial Equilibrium Residential Land Values in a Multicentric Setting[J]. Journal of Regional Science,2010,11(3):385-389.

[25] PETERS B G. "With a Little Help from Our Friends":Public-Private Partnerships as Institutions and Instruments[M]. Partnerships in Urban Governance. Palgrave Macmillan UK,1998.

[26] SHEN F,ZHU D L,BI J Y. A Positive Research on the Governmental Rent-Seeking by Institutional Arrangements[M/OL]. The China Land Science,2005.

[27] SHIH M I. The Evolving Law of Disputed Relocation:Constructing Inner-City Renewal Practices in Shanghai,1990-2005[J]. International Journal of Urban & Regional Research,2010,34(2):350-364.

[28] SMOLKA M O. AMBORSKI D. Value Capture for Urban Development: An Inter-American Comparison[J]. Lincoln Institute of Land Policy,2000(11):62-68.

[29] STULL W J. Land Use and Zoning in an Urban Economy[J]. The American Economic Review,1974,64(3):337-47.

[30] TAVARES A. Can the Market Be Used to Preserve Land? The Case for Transfer of Development Rights[R]. European Regional Science Association,2003.

[31] The Yale Law Journal Company,Inc. Development Rights Transfer in New York City[J]. The Yale Law Journal,1972(2):338-372.

[32] TOLMAN C P. Alfred Weber's Theory of the Location of Industries[M]. The American Economic Review,1930,20(1):110-1.

[33] 阿茹娜. 国内外土地二次开发研究综述[J]. 辽宁农业科学,2013(01):32-35.

[34] 包亚明. 城市更新的理念及其思考[J]. 探索与争鸣,2016(12):29-31.

[35] 北京大学国家发展研究院综合课题组. 更新城市的市场之门——深圳市化解土地房屋历史遗留问题的经验研究[J]. 国际经济评论,2014(03):56-71+5.

[36] 波斯纳. 法律的经济分析(上)[M]. 蒋兆康,译. 北京:中国大百科全书出版社,1997.

[37] 曾舒怀. 制度经济学视角下的内生型城市更新规划——以上海新曹杨集团更新规划为例[J]. 江苏城市规划,2016(02):16-19.

[38] 陈浩,张京祥,林存松. 城市空间开发中的“反增长政治”研究——基于南京“老城南事件”的实证[J]. 城市规划,2015,39(04):19-26.

[39] 陈宏胜,王兴平,国子健. 规划的流变——对增量规划、存量规划、减量规划的思考[J]. 现代城市研究,2015,32(09):44-48.

[40] 陈锦富,刘佳宁. 城市规划行政救济制度探讨[J]. 城市规划,2005(10):19-23+64.

[41] 陈锦富,莫文竞. “守不住”的公园——由Z公园改造项目引发的划拨用地规划管理思考[J]. 城市规划,2017,41(01):104-108.

[42] 陈锦富,任丽娟,徐小磊,等. 城市空间增长管理研究述评[J]. 城市规划,2009,33(10):19-24.

[43] 陈锦富,于澄. 基于城市规划的国家征收权探讨[J]. 城市规划,2010,34(04):9-13+26.

[44] 陈锦富,于澄. 基于权利救济制度缺陷的城乡规划申诉机制构建初探[J]. 规划师,2009,25(09):21-24.

[45] 陈锦富. 论公众参与的城市规划制度[J]. 城市规划,2000(07):54-56.

[46] 陈鹏. 中国土地制度下的城市空间演变[M]. 北京:中国建筑工业出版社,2009.

[47] 陈为邦. 从城市总体规划谈起[J]. 城市规划,2012,36(08):54-56.

[48] 陈蔚镇. 上海中心城社会空间转型与空间资源的非均衡配置[J]. 城市规划

学刊,2008(01):62-68.

[49] 陈月.博弈的设计:面向土地发展权共享的空间治理[J].城市规划,2015,39(11):78-84+91.

[50] 程大林,张京祥.城市更新:超越物质规划的行动与思考[J].城市规划,2004(02):70-73.

[51] 迟福林.动力变革:推动高质量发展的历史跨越[M].北京:中国工人出版社,2018.

[52] 单皓.城市更新和规划革新——《深圳市城市更新办法》中的开发控制[J].城市规划,2013 (01):79-84.

[53] 单皓.从管理土地建设到管理土地利用改变——探讨深圳土地管理制度改革中的规划概念[J].城市发展研究,2017 (02):104-112.

[54] 诺思.制度、制度变迁与经济绩效[M].杭行,译.上海:上海人民出版社,2008.

[55] 邓玮,杨锦坤.新制度经济学视角下违法建设形成逻辑——以广州市荔湾区集体物业为例[J].城市规划,2017(A01):68-75.

[56] 邓张伟.城市房屋拆迁问题的法经济分析[J].人民论坛,2013(29):137-139.

[57] 丁凡,伍江.城市更新相关概念的演进及在当今的现实意义[J].城市规划学刊,2017(06):87-95.

[58] 丁祖昱.中国城市化进程中住房市场发展研究[M].北京:企业管理出版社,2014.

[59] 童明.政府视角的城市规划[M].北京:中国建筑工业出版社,2005.

[60] 董卫.自由市场经济驱动下的城市变革——西安回民区自建更新研究初探[J].城市规划,1996(05):42-45+60.

[61] 杜新波,孙习稳.城市地产价格形成的一般原理探讨[J].国土资源,2003(03):37-39.

[62] 段毅才.西方产权理论结构分析[J].经济研究,1992(08):72-80.

[63] 凡勃伦.有闲阶级论:关于制度的经济研究[M].蔡受百,译.北京:商务印书馆,1964.

[64] 方可."复杂"之道——探求一种新的旧城更新规划设计方法[J].城市规划,1999(07):28-33.

[65] 冯立,唐子来.产权制度视角下的划拨工业用地更新:以上海市虹口区为例[J].城市规划学刊,2013(05):23-29.

[66] 冯立.以新制度经济学及产权理论解读城市规划[J].上海城市规划,2009(03):8-12.

[67] 冯兴元,刘业进.演化的城市规划及其中国意蕴[J].制度经济学研究,2012

(03):53-73.

[68] 甘霖.优化空间资源配置促进产业转型升级[N].深圳特区报,2012-12-27(A01).

[69] 高鸿业.西方经济学(微观部分)[M].5版.北京:中国人民大学出版社,2011.

[70] 葛琪,苏振民.容积率奖励政策在土地可持续利用中的作用探讨[J].商业时代,2009(35):59-60.

[71] 葛天阳,阳建强,后文君.基于存量规划的更新型城市设计——以郑州京广路地段为例[J].城市规划,2017,41(07):62-71.

[72] 耿宏兵.90年代中国大城市旧城更新若干特征浅析[J].城市规划,1999(07):13-17.

[73] 耿慧志.论我国城市中心区更新的动力机制[J].城市规划汇刊,1999(03):27-31+14.

[74] 耿佳,赵民.论特大城市突破路径依赖、实现转型和创新发展之路——对深圳、广州及天津的比较研究[J].城市规划,2018,42(03):9-16.

[75] 顾建光.公共经济与政策学原理[M].上海:上海人民出版社,2014.

[76] 广东省住房和城乡建设厅关于加强"三旧"改造规划实施工作的指导意见[J].广东省人民政府公报,2012(30):51-54.

[77] 郭春华,夏炎.进一步完善新农村建设中土地非农化机制的探讨[J].国土与自然资源研究,2007(03):25-26.

[78] 郭湘闽.走向多元平衡:制度视角下我国旧城更新传统规划机制的变革[M].北京:中国建筑工业出版社,2006.

[79] 郭旭,田莉.产权重构视角下的土地减量规划与实施——以上海新浜镇为例[J].城市规划,2016,40(09):22-31.

[80] 何芳,张皓.我国城市存量土地盘活政策创新实践及启示[J].改革与战略,2013,29(12):21-24+42.

[81] 何芳.城市土地经济与利用[M].2版.上海:同济大学出版社,2009.

[82] 何芳.城市土地再利用产权处置与利益分配研究:城市存量土地盘活理论与实践[M].北京:科学出版社,2014.

[83] 何芳.论建立现代企业制度中的土地处置和土地资产显化分配[J].经济与管理研究,1996(03):45-49.

[84] 何鹤鸣,张京祥.产权交易的政策干预:城市存量用地再开发的新制度经济学解析[J].经济地理,2017,37(02):7-14.

[85] 何鹤鸣.增长的局限与城市化转型——空间生产视角下社会转型、资本与城市化的交织逻辑[J].城市规划,2012(11):91-96.

[86] 何流.基于公共政策导向的城市规划体系变革[M].南京:南京大学出版

社,2010.

[87] 何明俊.建立在现代产权制度基础之上的城市规划[J].城市规划,2005(05):9-13.

[88] 何维达,杨仕辉.现代西方产权理论[M].北京:中国财政经济出版社,1998.

[89] 何依,李锦生.城市空间的时间性研究[J].城市规划,2012,36(11):9-13+28.

[90] 何智锋,华晨,黄杉,等.杭州工业用地自主更新模式及规划管理对策[J].规划师,2015,31(09):33-38.

[91] 何子张,李晓刚.基于土地开发权分享的旧厂房改造策略研究——厦门的政策回顾及其改进[J].城市观察,2016(01):60-69.

[92] 何子张,侯雷.基于主体利益相关性的城市规划公众参与[C]//中国城市规划协会.城市规划和科学发展——2009中国城市规划年会论文集.天津:天津科学技术出版社,2009.

[93] 贺传皎,李江.深圳城市更新地区规划标准编制探讨[J].城市规划,2011(04):74-79.

[94] 贺欢欢,张衔春.土地产权视角下的城乡规划改进思考[J].规划师,2014,30(02):18-24.

[95] 洪国城,邱爽,赵燕菁.制度设计视角下的城市存量规划与管理[J].上海城市规划,2015(03):16-19.

[96] 洪世键,张衔春.租差、绅士化与再开发:资本与权利驱动下的城市空间再生产[J].城市发展研究,2016,23(3):101-110.

[97] 洪霞,刘奕博,梁粱.我国与美国容积率奖励制度的比较研究[C]//中国城市规划学会.协同规划——2013中国城市规划年会论文集(02-城市设计与详细规划).北京:中国城市规划学会,2013:10.

[98] 侯丽.城市更新语境下的城市公共空间与规划[J].上海城市规划,2013(6):43-48.

[99] 胡士戬,石来德,胡际峰.城市土地增值收益管理研究综述与经验借鉴[J].经济论坛,2009(04):47-49.

[100] 胡纹,周颖,刘玮.曹家巷自治改造协商机制的新制度经济学解析[J].城市规划,2017,41(11):46-51.

[101] 胡映洁,吕斌.城市规划利益还原的理论研究[J].国际城市规划,2016,31(3):91-97.

[102] 胡映洁,吕斌.我国工业用地更新的利益还原机制及其绩效分析[J].城市发展研究,2016,23(04):61-66.

[103] 黄国洋.《物权法》实施背景下基于权利界定的"控规五线"控制探讨[J].规划师,2009,25(02):15-18.

[104] 黄国洋.基于权利界定视角的“控规六线”控制探讨[J].上海城市规划，2008(05):20-24.

[105] 黄军林.产权激励——面向城市空间资源再配置的空间治理创新[J].城市规划，2019,43(12):78-87.

[106] 黄军林，陈锦富.空间治理之“道”：源自老子哲学的启示[J].城市规划，2017,41(04):22-26+48.

[107] 黄军林，陈锦富，陈健.因“制”而“治”：城市规划实施中的“程序正义”——基于凤凰山庄征收事件的讨论[J].规划师，2020,36(04):35-40.

[108] 黄莉，宋劲松.实现和分配土地开发权的公共政策——城乡规划体系的核心要义和创新方向[J].城市规划，2008(12):16-21,32.

[109] 黄砂.产权交易视角下的城市更新策略研究[J].上海城市规划，2016(02):77-82.

[110] 黄婷，郑荣宝，张雅琪.基于文献计量的国内外城市更新研究对比分析[J].城市规划，2017,41(05):111-121.

[111] 黄文炜，魏清泉.香港的城市更新政策[J].城市问题，2008(09):77-83.

[112] 黄晓燕，曹小曙.转型期城市更新中土地再开发的模式与机制研究[J].城市观察，2011(02):15-22.

[113] 黄珍，段险峰.城市新区发展的经济学研究方法初探[J].城市规划，2004(02):43-47.

[114] 贾康，苏京春.西方城市规划经济理论基础与案例实践——基于供给侧结构管理视角[J].地方财政研究，2016(02):4-10.

[115] 江泓.交易成本、产权配置与城市空间形态演变——基于新制度经济学视角的分析[J].城市规划学刊，2015(06):63-69.

[116] 江泓.制度绩效与城市规划转型——一个新制度经济学视角的分析[J].现代城市研究，2015(12):110-114.

[117] 姜克芳，张京祥.城市工业园区存量更新中的利益博弈与治理创新——深圳、常州高新区两种模式的比较[J].上海城市规划，2016(02):8-14.

[118] 科斯，王宁.变革中国：市场经济的中国之路[M].徐尧，李哲民，译.北京：中信出版社，2013.

[119] 科斯.企业、市场与法律[M].盛洪，陈郁，译.上海：上海三联书店，1990.

[120] 科斯.制度、契约与组织：从新制度经济学角度的透视[M].刘刚，冯健，杨其静，等，译.北京：经济科学出版社，2003.

[121] 科斯，阿尔钦，诺斯.财产权利与制度变迁：产权学派与新制度学派译文集[M].刘守英，译.上海：上海三联书店，1992:329-330.

[122] 雷诚，范凌云.广州市城乡结合部土地配置的问题与对策——以番禺区为例[J].城市问题，2010(02):74-79.

[123] 雷蕾.城市自发更新空间研究[D].重庆:重庆大学,2010.

[124] 黎斌,贺灿飞,黄志基,等.城镇土地存量规划的国际经验及其启示[J].现代城市研究,2017(06):39-46.

[125] 李冬生,陈秉钊.上海市杨浦老工业区工业用地更新对策——从"工业杨浦"到"知识杨浦"[J].城市规划学刊,2005(01):44-50.

[126] 李峰清.新型城镇化视角下珠三角地区城市更新利益机制与规划策略——以广州、深圳等地区实践为例[J].上海城市规划,2014 (05):108-113.

[127] 李家才.中国开发权转移试验的创新与局限[J].经济体制改革,2013(01):79-82.

[128] 李金和.基于容积率奖励的城市公共空间规划控制与引导策略研究[C]//中国城市规划学会,沈阳市人民政府.规划 60 年:成就与挑战——2016 中国城市规划年会论文集(12 规划实施与管理).北京:中国城市规划学会,2016:13.

[129] 李仂,林建群.基于利益分析视角谈中国城市空间资源配置的挑战与目标[J].城市建筑,2014(25):121-123.

[130] 李仂,林建群.基于委托代理理论的传统街区更新控制方法研究[J].建筑学报,2016(S1):82-85.

[131] 李仂.基于产权理论的城市空间资源配置研究[D].哈尔滨:哈尔滨工业大学,2016.

[132] 李冕.美国开发权转移研究及其启示[D].广州:华南理工大学,2013.

[133] 李沛东.产权、公共空间资源配置与城市设计关联研究[D].重庆:重庆大学,2015.

[134] 李瑞,冰河.中外旧城更新的发展状况及发展动向[J].武汉大学学报(工学版),2006,39(02):114-118+122.

[135] 李劭杰."双创"政策引领下的厦门旧工业区微更新探索[J].城市规划学刊,2018(S1):82-88.

[136] 李文斌.城市土地出让的收益分配与土地市场效率[J].山东财政学院学报,2007(03):3-6.

[137] 李昕.中国城市规划制度化历史发展的内在逻辑——关于中国城市规划制度发展史的思考[J].城市规划学刊,2005(02):81-85.

[138] 李义平,柏晶伟.警惕经济增长主义的弊端[N].中国经济时报,2010.

[139] 廖开怀,蔡云楠.近十年来国外城市更新研究进展[J].城市发展研究,2017,24(10):27-34.

[140] 林慧琰.城市更新中旧建筑功能转换的决策研究[D].重庆:重庆大学,2015.

[141] 林坚,许超诣.土地发展权、空间管制与规划协同[J].城市规划,2014

(01):26-34.

[142] 林隽,吴军.存量型规划编制思路与策略探索:广钢新城规划的实践[J].华中建筑,2015(02):96-102.

[143] 林凯旋,王凯.存量规划的概念内涵、认识误区与技术方法探究[J].城市建筑,2019,16(23):70-72.

[144] 林强.城市更新的制度安排与政策反思——以深圳为例[J].城市规划,2017,41(11):52-55+71.

[145] 林颖.制度变迁视角下我国城市设计实施的理论路径、现行问题与应然框架[J].城市规划学刊,2016(06):31-37.

[146] 刘冰.城市更新十大原则——为了更好的上海[J].城市规划学刊,2018(01):121-122.

[147] 刘代云.市场经济下城市设计的空间配置研究[D].哈尔滨:哈尔滨工业大学,2008.

[148] 刘芳,张宇.深圳市城市更新制度解析——基于产权重构和利益共享视角[J].城市发展研究,2015,22(02):25-30.

[149] 刘贵文,易志勇,魏骊臻,等.基于政策工具视角的城市更新政策研究:以深圳为例[J].城市发展研究,2017,24(03):47-53.

[150] 刘国臻.论我国土地征收公共利益目的之边界[J].中国行政管理,2010(09):33-36.

[151] 刘国臻.论美国的土地发展权制度及其对我国的启示[J].法学评论,2007(03):140-146.

[152] 刘国臻.中国土地发展权论纲[J].学术研究,2005 (10):64-68.

[153] 刘红梅,刘超,孙彦伟,等.建设用地减量化过程中的土地指标市场化机制研究——以上海市为例[J].中国土地科学,2017,31(02):3-10.

[154] 刘红梅,孟鹏,马克星,等.经济发达地区建设用地减量化研究——基于“经济新常态下土地利用方式转变与建设用地减量化研讨会”的思考[J].中国土地科学,2015(12):11-17.

[155] 刘奇志,何梅,汪云,等.武汉老工业城市更新发展的规划实践[J].城市规划,2010,34(07):39-43.

[156] 刘珊,吕拉昌,黄茹,等.城市空间生产的嬗变——从空间生产到关系生产[J].城市发展研究,2013,20(09):42-47.

[157] 刘卫东,唐志鹏,夏炎,等.中国碳强度关键影响因子的机器学习识别及其演进[J].地理学报,2019,74(12):2592-2603.

[158] 刘晓斌,温锋华.系统规划理论在存量空间规划中的应用模型研究[J].城市发展研究,2014,21(02):119-124.

[159] 刘晓逸,运迎霞,任利剑.存量规划的市场化困境[J].城市问题,2018(10):

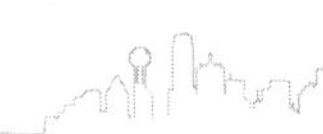

45-52.

[160] 刘昕. 深圳城市更新中的政府角色与作为——从利益共享走向责任共担[J]. 国际城市规划,2011(01):41-45.

[161] 刘宣. 产权理论在城市规划管理中的应用[J]. 规划师,2005,21(06):56-59.

[162] 刘宣. 旧城更新中的规划制度设计与个体产权定义——新加坡牛车水与广州金花街改造对比研究[J]. 城市规划,2009(08):18-25.

[163] 刘阳恒. 论旧城更新过程中的公共干预[J]. 城市规划汇刊,1995(05):34-40+14-63.

[164] 刘昭吟,赵燕菁. 在征地城市化中重构城乡土地产权:厦门模式[J]. 世界地理研究,2007(03):51-58.

[165] 隆宗佐. 城市土地资源高效利用研究[D]. 武汉:华中农业大学,2008.

[166] 卢现祥. 西方新制度经济学[M]. 北京:中国发展出版社,2003.

[167] 陆国飞. 工业用地限制转让的法律思考——兼论工业用地法律制度体系[J]. 中国不动产法研究,2013 (01):178-189.

[168] 栾峰. 战后西方城市规划理论的发展演变与核心内涵——读 Nigel Taylor 的《1945 年以来的城市规划理论》[J]. 城市规划汇刊,2004(06):83-87+96.

[169] 罗丹,严瑞珍,陈洁. 不同农村土地非农化模式的利益分配机制比较研究[J]. 管理世界,2004(09):87-96+116-156.

[170] 罗锜. 让闲置土地显生机——福清市盘活存量土地、闲置厂房开展二次招商的实践[J]. 中国土地,2005(07):42-43.

[171] 罗小龙,沈建法. 中国城市化进程中的增长联盟和反增长联盟——以江阴经济开发区靖江园区为例[J]. 城市规划,2006(03):48-52.

[172] 罗彦,朱荣远,蒋丕彦. 城市再生:紧约束条件下城市空间资源配置的策略研究——以深圳市福田区为例[J]. 规划师,2010,26(03):42-45+49.

[173] 罗震东. 分权与碎化——中国都市区域发展的阶段与趋势[J]. 城市规划,2007(11):64-70+85.

[174] 吕晓蓓,朱荣远,张若冰,等. 大都市中心城区城市空间资源整合的初步探索——深圳"金三角"地区城市更新的系列实践[J]. 国际城市规划,2010,25(02):48-52.

[175] 马学广,王爱民,闫小培. 权力视角下的城市空间资源配置研究[J]. 规划师,2008(01):77-82.

[176] 赫勒. 困局经济学[M]. 闾佳,译. 北京:机械工业出版社,2009.

[177] 曼昆. 经济学原理[M]. 5 版. 梁小民,梁砾,译. 北京:北京大学出版社,2012.

[178] 毛泓，杨钢桥. 试论土地利益分配[J]. 中南财经大学学报，2000(02)：31-33.
[179] 莫俊文，赵延龙，宁贵霞. 城市土地置换开发收益及分配研究——以兰州市南河道周边土地置换开发为例[J]. 中国国土资源经济，2004(05)：29-30+49+48.
[180] 倪慧，阳建强. 当代西欧城市更新的特点与趋势分析[J]. 现代城市研究，2007，22(06)：19-26.
[181] 宁德斌，王琼. 交易成本，土地质量管理和土地租赁最优激励合约设计——国外研究综述[J]. 华东经济管理，2010，24(02)：149-153.
[182] 诺思，张五常. 制度变革的经验研究[M]. 罗仲伟，译. 北京：经济科学出版社，2003.
[183] 诺思，托马斯. 西方世界的兴起[M]. 厉以平，蔡磊，译. 北京：华夏出版社，1989.
[184] 诺思. 经济史中的结构与变迁[M]. 陈郁，罗华平，译. 上海：上海三联书店，1991.
[185] 欧阳亦梵，杜茎深，靳相木. 市场取向城市更新的钉子户问题及其治理——以深圳市为例[J]. 城市规划，2018，42(06)：79-85.
[186] 彭雪辉. 论城市土地使用规划制度的产权规则本质[J]. 城市发展研究，2015(07)：37-44.
[187] 彭阳，罗吉. 建国后中国城市规划制度发展的历史轨迹——制度经济学视角的制度变迁分析[J]. 现代城市研究，2006(07)：70-76.
[188] 钱欣. 浅谈城市更新中的公众参与问题[J]. 城市问题，2001(02)：48-50+9.
[189] 钱云. 存量规划时代城市规划师的角色与技能——两个海外案例的启示[J]. 国际城市规划，2016，31(04)：79-83.
[190] 秦海. 制度、演化与路径依赖[M]. 北京：中国财政经济出版社，2004.
[191] 青木昌彦. 比较制度分析[M]. 周黎安，译. 上海：上海远东出版社，2001.
[192] 邱爽，左进，黄晶涛. 合约视角下的产业遗存再利用规划模式研究——以天津棉纺三厂为例[J]. 城市发展研究，2014，21(03)：112-118.
[193] 桑劲. 西方城市规划中的交易成本与产权治理研究综述[J]. 城市规划学刊，2011(01)：98-104.
[194] 桑劲. 转型期我国土地发展权特征与城市规划制度困境[J]. 现代城市研究，2013(04)：38-43.
[195] 盛洪. 现代制度经济学[M]. 北京：中国发展出版社，2009.
[196] 施卫良. 地铁国贸站"轨道+"模式改造案例研究[J]. 城市规划，2016，40(04)：99-102.

[197] 施卫良.规划编制要实现从增量到存量与减量规划的转型[J].城市规划,2014,38(11):21-22.

[198] 石楠.试论城市规划中的公共利益[J].城市规划,2004(06):20-31.

[199] 石崧,宁越敏.人文地理学"空间"内涵的演进[J].地理科学,2005(03):340-345.

[200] 史亮,邓艳.城市更新中的可利用空间资源研究方法探索——以北京原西城区为例[J].北京规划建设,2011(04):25-32.

[201] 宋宁.存量资源的再配置[M].昆明:云南人民出版社,1992.

[202] 孙江."空间生产":从马克思到当代[M].北京:人民出版社,2008.

[203] 孙立平.利益关系形成与社会结构变迁[J].社会,2008(03):7-14.

[204] 孙施文,周宇.上海田子坊地区更新机制研究[J].城市规划学刊,2015(01):39-45.

[205] 谈锦钊.试论城市的更新和扩展[J].城市问题,1989(02):12-18+6.

[206] 唐婧娴.城市更新治理模式政策利弊及原因分析——基于广州、深圳、佛山三地城市更新制度的比较[J].规划师,2016 (05):47-53.

[207] 唐雪娇.从城乡建设角度对新常态下"增量"和"存量"的思考[J].中华建设,2016(03):76-77.

[208] 唐燕."新常态"与"存量"发展导向下的老旧工业区用地盘活策略研究[J].经济体制改革,2015(04):102-108.

[209] 陶希东.中国城市旧区改造模式转型策略研究——从"经济型旧区改造"走向"社会型城市更新"[J].城市发展研究,2015,22(04):111-116+124.

[210] 田莉,姚之浩,郭旭,等.基于产权重构的土地再开发——新型城镇化背景下的地方实践与启示[J].城市规划,2015,39(01):22-29.

[211] 田莉.城乡统筹规划实施的二元土地困境:基于产权创新的破解之道[J].城市规划学刊,2013(01):18-22.

[212] 田莉.处于十字路口的中国土地城镇化——土地有偿使用制度建立以来的历程回顾及转型展望[J].城市规划,2013,37(05):22-28.

[213] 田莉.我国控制性详细规划的困惑与出路——一个新制度经济学的产权分析视角[J].城市规划,2007(01):16-20.

[214] 童明.现代城市公共政策的思想基础及其演进[D].上海:同济大学,1999.

[215] 汪洪涛.制度经济学:制度及制度变迁性质解释[M].上海:复旦大学出版社,2009.

[216] 王富海.深圳规划:快速增长中的冲击与应对[J].城市规划学刊,2008(02):17-23.

[217] 王刚,隋杰礼,王骏,等.面向城市存量的城市设计的特征、内容与问题探析[J].城市发展研究,2017,24(11):29-35.

[218] 王化兴.城市更新改造的几点思考[J].城市问题,1995(02):25-28.

[219] 王卉.存量规划背景下的城市用地兼容性的概念辨析和再思考[J].现代城市研究,2018,33(05):45-54.

[220] 王克强,马克星,刘红梅.上海市建设用地减量化运作机制研究[J].中国土地科学,2016 (05):3-12.

[221] 王兰,吴志强,邱松.城市更新背景下的创意社区规划:基于创意阶层和居民空间需求研究[J].城市规划学刊,2016(04):54-61.

[222] 王磊,陈昌勇,谭宇文.存量型规划的建设用地再开发综合评定与空间管制——以《佛山市城市总体规划(2011—2020)》为例[J].规划师,2015,31(08):60-65.

[223] 王莉莉.存量规划背景下容积率奖励及转移机制设计研究——以上海为例[J].上海国土资源,2017,38(01):33-37.

[224] 王世福,沈爽婷.从"三旧改造"到城市更新——广州市成立城市更新局之思考[J].城市规划学刊,2015(03):22-27.

[225] 王世福,吴婷婷,赵渺希.内源动力视角下的城市转型发展思考[J].城市与区域规划研究,2015,7(03):132-147.

[226] 王伟,孙平军,杨青山.新制度经济学下城市群形成与演进机理分析框架研究[J].地理科学,2018,38(04):539-547.

[227] 王卫城,戴小平,王勇.减量增长:深圳规划建设的转变与超越[J].城市发展研究,2011,18(11):55-58.

[228] 王文革.城市土地配置利益博弈及其法律管制[J].国土资源,2005(09):28-30.

[229] 王文静.城乡统筹背景下崇州市(县)域空间资源配置方式反思与探索[D].重庆:重庆大学,2010.

[230] 王叶露.基于低碳理念的城市轨道站点地区空间资源配置优化研究[D].南京:南京大学,2012.

[231] 王一.北京旧城社区公共配套服务空间资源配置与旧城保护初探[D].北京:北京交通大学,2010.

[232] 王雍君,谢林.城市空间资源配置与免费政策反思——首都机场高速公路案例分析[J].中央财经大学学报,2013(01):1-5+19.

[233] 王勇.论"两规"冲突的体制根源——兼论地方政府"圈地"的内在逻辑[J].城市规划,2009,33(10):53-59.

[234] 吴良镛.北京旧城保护研究(上篇)[J].北京规划建设,2005(01):18-28.

[235] 吴学军.中国转型期经济制度创新研究[M].济南:济南出版社,2009:31-33.

[236] 吴远翔.基于新制度经济学理论的当代中国城市设计制度研究[D].哈尔

滨:哈尔滨工业大学,2009.

[237] 吴志强.城市更新规划与城市规划更新[J].城市规划,2011,35(02):45-48.

[238] 伍炜,蔡天抒.城市更新中如何落实公共开放空间奖励——以深圳市南湖街道食品大厦城市更新单元规划实践为例[J].城市规划,2017,41(10):114-118.

[239] 武廷海,张能,徐斌.空间共享:新马克思主义与中国城镇化[M].北京:商务印书馆,2014.

[240] 习近平.决胜全面建成小康社会夺取新时代中国特色社会主义伟大胜利——在中国共产党第十九次全国代表大会上的报告[J].学理论,2017,773(11):15-34.

[241] 夏固萍,陈锦富.物权视角的城乡规划编制机制探究[J].现代城市研究,2009,24(11):42-47.

[242] 肖红娟,张翔,许险峰.城市更新专项规划的作用与角色探讨[J].现代城市研究,2009,24(06):35-39.

[243] 谢涤湘,谭俊杰,常江.2010年以来我国城市更新研究述评[J].昆明理工大学学报(社会科学版),2018,18(03):92-100.

[244] 张超荣,潘芳,邢琰.存量规划背景下北京城镇建设用地再开发机制研究——以房山区存量工业用地再开发为例[J].北京规划建设,2015(05):98-103.

[245] 徐豪.刘鹤达沃斯首秀:未来推动经济高质量发展仍然要靠改革开放[J].中国经济周刊,2018(05):28-31.

[246] 徐炯权.27户长沙居民告赢市政府[J].廉政瞭望,2010(07):30-31.

[247] 徐新巧.城市更新地区地下空间资源开发利用规划与实践——以深圳市华强北片区为例[J].城市规划学刊,2010(Z1):30-35.

[248] 许宏福,何冬华.城市更新治理视角下的土地增值利益再分配——广州交通设施用地再开发利用实践思考[J].规划师,2018,34(06):35-41.

[249] 许伟.存量土地利用规划的思考与探索——基于上海的实践[J].中国土地,2016(03):5-10.

[250] 许重光.转型规划推动城市转型——深圳新一轮总体规划的探索与实践[J].城市规划学刊,2011(01):18-24.

[251] 闫利明.土地非农化过程中的交易成本研究[D].厦门:厦门大学,2014.

[252] 严若谷,周素红,闫小培.城市更新之研究[J].地理科学进展,2011,30(08):947-955.

[253] 严若谷,闫小培,周素红.台湾城市更新单元规划和启示[J].国际城市规划,2012(01):99-105.

[254] 严若谷.中国快速城市化进程的土地产权制度分析[J].学术研究,2016(07):105-111.

[255] 阳建强.我国旧城更新改造的主要矛盾分析[J].城市规划汇刊,1995(04):9-12+21-62.

[256] 阳建强.现代城市更新运动趋向[J].城市规划,1995(04):27-29+64.

[257] 阳建强.中国城市更新的现况、特征及趋向[J].城市规划,2000(04):53-55+63-64.

[258] 杨帆.上海城市土地空间资源潜力、再开发及城市更新研究[J].科学发展,2015(11):34-41.

[259] 杨建飞,李军域.从剩余价值、地租到当代城市空间资源的占有与配置——马克思地租理论的逻辑与发展[J].华南师范大学学报(社会科学版),2017(03):68-73+190.

[260] 杨槿,徐辰.城市更新市场化的突破与局限——基于交易成本的视角[J].城市规划,2016,40(09):32-38+48.

[261] 杨俊宴,吴明伟.奖励性管制方法在城市规划中的应用[J].城市规划学刊,2007(02):77-80.

[262] 杨哲,初松峰.存量土地活化的机制与主体研究——基于台湾社区营造经验的延伸探讨[J].国际城市规划,2017,32(02):121-130.

[263] 姚凯.城市规划管理行为和市民社会的互动效应分析——一则项目规划管理案例的思考[J].城市规划学刊,2006(02):75-79.

[264] 姚之浩,田莉."三旧改造"政策背景下集体建设用地的再开发困境——基于"制度供给-制度失效"的视角[J].城市规划,2018,42(09):45-53+105.

[265] 叶芳.冲突与平衡:土地征收中的权力与权利[M].上海:社会科学院出版社,2011.

[266] 衣霄翔."控规调整"何去何从——基于博弈分析的制度建设探讨[J].城市规划,2013,37(07):59-66.

[267] 于澄,陈锦富.增长竞争与权力配置:对中国城市规划运行环境的讨论[J].城市发展研究,2015,22(04):46-51+90.

[268] 于洋.面向存量规划的我国城市公共物品生产模式变革[J].城市规划,2016,40(03):15-24.

[269] 于洋.征用补偿制度比较研究[D].北京:中国人民大学,2004.

[270] 于一凡,章必成.产业遗存再利用过程中的环境风险与规划引导[J].城市规划学刊,2015 (05):99-104.

[271] 巴泽尔.产权的经济分析[M].费方城,段毅才,译.上海:上海三联书店,1997.

[272] 岳隽.深圳市存量土地二次开发利用策略研究[J].科技创新导报,2009

(25):132-133.

[273] 翟斌庆,伍美琴.城市更新理念与中国城市现实[J].城市规划学刊,2009(02):75-82.

[274] 布坎南.自由、市场与国家——80年代的政治经济学[M].平新乔,莫扶民,译.上海:上海三联书店,1989.

[275] 张更立.走向三方合作的伙伴关系:西方城市更新政策的演变及其对中国的启示[J].城市发展研究,2004(04):26-32.

[276] 张汉,宋林飞.英美城市更新之国内学者研究综述[J].城市问题,2008(02):78-83+89.

[277] 张鸿雁,胡小武.城市角落与记忆Ⅱ:社会更替视角[M].南京:东南大学出版社,2008.

[278] 张践祚,李贵才.基于合约视角的控制性详细规划调整分析框架[J].城市规划,2016,40(06):99-106.

[279] 张杰.论苏锡常地区城镇化"光环"背后的"囚徒困境"——新制度经济学视野中的城镇化发展研究[J].城市规划,2011,35(11):88-96.

[280] 张京祥,陈浩.基于空间再生产视角的西方城市空间更新解析[J].人文地理,2012,27(02):1-5.

[281] 张京祥,陈浩.空间治理:中国城乡规划转型的政治经济学[J].城市规划,2014,38(11):9-15.

[282] 张京祥,赵丹,陈浩.增长主义的终结与中国城市规划的转型[J].城市规划,2013,37(01):45-50+55.

[283] 张俊.我国城市土地增值收益分配理论与制度架构[J].安徽农业科学,2007(35):11638-11639+11654.

[284] 张磊."新常态"下城市更新治理模式比较与转型路径[J].城市发展研究,2015,22(12):57-62.

[285] 张立.城镇化转型时期城市空间资源配置趋势、机制和调控[J].城乡规划,2016(01):24-32.

[286] 张楠楠,彭震伟."美丽发展"新语境下城市规划的政策路径转型——基于杭州实践的思考[J].城市规划,2018,42(04):28-32.

[287] 张鹏,张安录.城市边界土地增值收益之经济学分析——兼论土地征收中的农民利益保护[J].中国人口?资源与环境,2008(02):13-17.

[288] 张平宇.城市再生:我国新型城市化的理论与实践问题[J].城市规划,2004(04):25-30.

[289] 张其邦,马武定.空间—时间—度:城市更新的基本问题研究[J].城市发展研究,2006(04):46-52.

[290] 张尚武,陈烨,宋伟,等.以培育知识创新区为导向的城市更新策略——对

杨浦建设“知识创新区”的规划思考[J].城市规划学刊,2016(04):62-66.

[291] 张庭伟,于洋.经济全球化时代下城市公共空间的开发与管理[J].城市规划学刊,2010(05):1-14.

[292] 张庭伟.20世纪规划理论指导下的21世纪城市建设——关于“第三代规划理论”的讨论[J].城市规划学刊,2011(03):1-7.

[293] 张庭伟.规划理论作为一种制度创新——论规划理论的多向性和理论发展轨迹的非线性[J].城市规划,2006(08):9-18.

[294] 张庭伟.中国规划改革面临倒逼:城市发展制度创新的五个机制[J].城市规划学刊,2014(05):7-14.

[295] 张庭伟.转型时期中国的规划理论和规划改革[J].城市规划,2008(03):15-25+66.

[296] 张庭伟.1990年代中国城市空间结构的变化及其动力机制[J].城市规划,2001(07):7-14.

[297] 张五常.卖桔者言[M].成都:四川人民出版社,1988:56.

[298] 张先贵.土地开发权与我国土地管理权制度改革[J].西北农林科技大学学报:社会科学版,2016,16(02):8-13.

[299] 张先贵.中国法语境下土地开发权理论之展开[J].东方法学,2015(06):18-28.

[300] 张新平.试论英国土地发展权的法律溯源及启示[J].中国土地科学,2014(11):81-88.

[301] 张翼,吕斌.《拆迁条例》修订与城市更新制度创新初探[J].城市规划,2010(10):17-22+29.

[302] 赵春容,赵万民,谭少华.市场经济运行中的利益分配矛盾解析——以旧城改造为例[J].城市发展研究,2008(02):123-126.

[303] 赵民,高捷.景观眺望权的制度分析及其在规划中的意义[J].城市规划学刊,2006(01):22-26.

[304] 赵民,鲍桂兰,侯丽.土地使用制度改革与城乡发展[M].上海:同济大学出版社,1998.

[305] 赵民,吴志城.关于物权法与土地制度及城市规划的若干讨论[J].城市规划学刊,2005(03):52-58.

[306] 赵万民.城市更新生长性理论认识与实践[J].西部人居环境学刊,2018,33(06):1-11.

[307] 赵晓.“政府主导”模式冷思考[J].人民论坛,2012(24):7.

[308] 崔健,赵燕菁.城市规划:需要提供一种制度的解决方案[J].北京规划建设,2010(02):191-193.

[309] 赵燕菁,刘昭吟,庄淑亭.税收制度与城市分工[J].城市规划学刊,2009,5

(06):4-11.

[310] 赵燕菁.城市的制度原型[J].城市规划,2009,33(10):9-18.

[311] 赵燕菁.城市风貌的制度基因[J].时代建筑,2011(03):10-13.

[312] 赵燕菁.城市规划的下一个三十年[J].北京规划建设,2014(01):168-170.

[313] 赵燕菁.城市规划职业的经济学思考[J].城市发展研究,2013,20(02):1-11+28.

[314] 赵燕菁.存量规划:理论与实践[J].北京规划建设,2014(04):153-156.

[315] 赵燕菁.棚户区改造模式亟须改变[J].北京规划建设,2016(04):148.

[316] 赵燕菁.区域规划中的制度因素[J].北京规划建设,2011(05):162-165.

[317] 赵燕菁.灾后规划与产权重建[J].城市发展研究,2008(04):1-13.

[318] 赵燕菁.正确评价土地财政的功过[J].北京规划建设,2013(03):152-154+164.

[319] 赵燕菁.制度经济学视角下的城市规划(上)[J].城市规划,2005(06):40-47.

[320] 赵燕菁.制度经济学视角下的城市规划(下)[J].城市规划,2005(07):17-27.

[321] 赵燕菁.城市化2.0与规划转型——一个两阶段模型的解释[J].城市规划,2017,41(03):84-93,116.

[322] 赵燕菁.城市化的几个基本问题(下)[J].北京规划建设,2016(03).

[323] 赵燕菁.走向需求导向的增长[C]//中国国际经济交流中心.第四届全球智库峰会会刊.北京:中国国际经济交流中心,2015:100-103.

[324] 郑德高,卢弘旻.上海工业用地更新的制度变迁与经济学逻辑[J].上海城市规划,2015(03):25-32.

[325] 郑晓伟.福利经济学视角下城市存量空间密度调整优化研究[J].规划师,2017,33(05):101-105.

[326] 中共中央宣传部.习近平新时代中国特色社会主义思想三十讲[M].北京:学习出版社,2018:242-251.

[327] 仲丹丹,徐苏斌,王琳,等.划拨土地使用权制度影响下的工业遗产保护再利用——以北京、上海为例[J].建筑学报,2016(03):24-28.

[328] 周诚.我国农地转非自然增值分配的"私公兼顾"论[J].中国发展观察,2006(09):27-29+26.

[329] 周国和.突破瓶颈实现空间资源优化配置[N].深圳特区报,2012-12-11(B10).

[330] 周国艳.西方新制度经济学理论在城市规划中的运用和启示[J].城市规划,2009,33(08):9-17+25.

[331] 周鹤龙.地块存量空间价值评估模型构建及其在广州火车站地区改造中的

应用[J]. 规划师,2016,32(02):89-95.

[332] 周剑云,戚冬瑾.《物权法》的权益保护与《城乡规划法》的权益调整[J]. 规划师,2009,25(02):10-14.

[333] 周江评,廖宇航. 新制度主义和规划理论的结合——前沿研究及其讨论[J]. 城市规划学刊,2009(02):56-62.

[334] 周敏,林凯旋,黄亚平. 城市空间结构演变的动力机制——基于新制度经济学视角[J]. 现代城市研究,2014(02):40-46.

[335] 周其仁. 中国做对了什么[M]. 北京:北京大学出版社,2010.

[336] 朱介鸣,刘宣,田莉. 城市土地规划与土地个体权益的关系——物权法对城市规划的深远影响[J]. 城市规划学刊,2007(04):56-64.

[337] 朱介鸣. 发展规划:重视土地利用的利益关系[J]. 城市规划学刊,2011(01):30-37.

[338] 朱介鸣,刘宣,田莉,等. 城市土地规划与土地个体权益的关系——物权法对城市规划的深远影响[J]. 城市规划学刊,2007(04):56-64.

[339] 朱猛,王梅. 基于资源融合的城市更新方法——以重庆北碚旧城区更新为例[J]. 新建筑,2017(02):155-159.

[340] 朱荣远. 重新配置空间资源是城市更新的必然的选择 一份自下而上的城市设计咨询报告引起的感想[J]. 世界建筑导报,2005(S1):84.

[341] 朱喜钢,周强,金俭. 城市绅士化与城市更新——以南京为例[J]. 城市发展研究,2004(04):33-37.

[342] 朱志兵,胡忆东. 老工业区有机更新和改造的探索——以武汉市硚口区汉正街都市工业园为例[J]. 城市规划学刊,2009(Z1):128-133.

[343] 邹兵. 存量发展模式的实践、成效与挑战——深圳城市更新实施的评估及延伸思考[J]. 城市规划,2017,41(01):89-94.

[344] 邹兵. 行动规划? 制度设计? 政策支持——深圳近 10 年城市规划实施历程剖析[J]. 城市规划学刊,2013(01):61-68.

[345] 邹兵. 小城镇的制度变迁与政策分析[M]. 北京:中国建筑工业出版社,2003.

[346] 邹兵. 由"增量扩张"转向"存量优化"——深圳市城市总体规划转型的动因与路径[J]. 规划师,2013,29(05):5-10.

[347] 邹兵. 增量规划、存量规划与政策规划[J]. 城市规划,2013,37(02):35-37+55.

[348] 邹兵. 增量规划向存量规划转型:理论解析与实践应对[J]. 城市规划学刊,2015(05):12-19.

附录1　激励工具对交易成本影响的访谈表

您好，我是华中科技大学的一名博士研究生，毕业论文是基于产权激励的城市空间资源再配置研究，现需要对产权激励政策工具对城市空间资源再配置的效用进行定量评价，拟通过长沙市都正街有机更新案、湘江宾馆保护工程及周边地块棚改案、"××宗地"用地置换案三类具体案例来说明功能调整、容量奖励、空间置换三类主要激励方式的效用。以下是针对交易成本设计的评价指标体系，请您对未实施政策和实施了政策两种情景下的城市空间资源再配置的不同阶段产生的交易成本进行打分。

受访人：A. 居民；B. 开发商；C. 项目报建人员；D. 政府工作人员（审批）；E. 设计单位

序号	交易阶段	交易活动	交易成本									
			未实施该政策的情景					实施该政策的情景				
			1	2	3	4	5	1	2	3	4	5
1	更新启动阶段	信息收集										
2		项目评估										
3		初步方案拟定										
4		产权人意愿征集										
5		意愿表达及相关材料的准备（意见搜集）										
6		意愿表达及相关材料的准备（决策过程）										
7		寻找项目合作方										
8		物业权属核查										
9		物业权属核查材料准备										
10		实施主体申请材料的准备										
11		计划申报材料的准备										
12		计划申报材料的审核										

续表

序号	交易阶段	交易活动	交易成本									
			未实施该政策的情景					实施该政策的情景				
			1	2	3	4	5	1	2	3	4	5
13	规划编制阶段	寻找规划机构										
14		单元规划制定计划审议并公示(审查过程)										
15		单元规划制定计划审议并公示(决策过程)										
16		编制单元规划方案										
17		单元规划方案审核										
18		单元规划审议并公示(审查过程)										
19		单元规划审议并公示(决策过程)										
20	产权交易与报批阶段	制定实施方案										
21		制定拆赔方案										
22		拆赔协议谈判(信息搜集)										
23		拆赔协议谈判(决策过程)										
24		拆迁协议谈判										
25		签订拆迁补偿协议(信息搜集)										
26		签订拆迁补偿协议(决策过程)										
27		形成单一实施主体										
28		单一实施主体审批核准										
29		寻找设计机构										
30		编制建筑、景观及工程方案										
31		建筑、景观及工程方案报批										
32		建筑、景观及工程方案审查										
33	更新完成阶段	政府或委托第三方机构对建设情况的监管										
34		竣工验收申请材料准备										
35		竣工验收审核										
36		产权交易(产权买卖)										
37		办理产权证										

注：1=“很少”；2=“比较少”；3=“一般”；4=“比较多”；5=“很多”，调查表根据受访人的回答，由访谈人进行填写。

附录2 激励工具对综合效益影响的访谈表

您好，我是华中科技大学的一名博士研究生，毕业论文是基于产权激励的城市空间资源再配置研究，现需要对产权激励政策工具对城市空间资源再配置的效用进行定量评价，拟通过长沙市都正街有机更新案、湘江宾馆保护工程及周边地块棚改案、“××宗地”用地置换案三类具体案例来说明功能调整、容量奖励、空间置换三类主要激励方式的效用。以下是针对综合效益设计的评价指标体系，请您对未实施政策和实施了政策两种情景下的城市空间资源再配置的不同方面产生的综合效益进行打分。

受访人：A. 居民；B. 开发商；C. 项目报建人员；D. 政府工作人员（审批）；E. 设计单位

<table>
<tr><th rowspan="3">序号</th><th rowspan="3">目标层</th><th rowspan="3">准则层</th><th rowspan="3">指标层</th><th colspan="10">综合效益</th></tr>
<tr><th colspan="5">未实施该政策的情景</th><th colspan="5">实施该政策的情景</th></tr>
<tr><th>1</th><th>2</th><th>3</th><th>4</th><th>5</th><th>1</th><th>2</th><th>3</th><th>4</th><th>5</th></tr>
<tr><td>1</td><td rowspan="16">城市空间资源再配置的综合效益</td><td rowspan="6">经济效益</td><td>片区不动产增值</td><td></td><td></td><td></td><td></td><td></td><td></td><td></td><td></td><td></td><td></td></tr>
<tr><td>2</td><td>提高本区人口就业</td><td></td><td></td><td></td><td></td><td></td><td></td><td></td><td></td><td></td><td></td></tr>
<tr><td>3</td><td>促进本区经济的发展</td><td></td><td></td><td></td><td></td><td></td><td></td><td></td><td></td><td></td><td></td></tr>
<tr><td>4</td><td>有效地利用土地及空间</td><td></td><td></td><td></td><td></td><td></td><td></td><td></td><td></td><td></td><td></td></tr>
<tr><td>5</td><td>功能混合利用</td><td></td><td></td><td></td><td></td><td></td><td></td><td></td><td></td><td></td><td></td></tr>
<tr><td>6</td><td>商业服务业业态多样性</td><td></td><td></td><td></td><td></td><td></td><td></td><td></td><td></td><td></td><td></td></tr>
<tr><td>7</td><td rowspan="10">社会效益</td><td>改善/保存本区特质</td><td></td><td></td><td></td><td></td><td></td><td></td><td></td><td></td><td></td><td></td></tr>
<tr><td>8</td><td>对更新结果的满意度</td><td></td><td></td><td></td><td></td><td></td><td></td><td></td><td></td><td></td><td></td></tr>
<tr><td>9</td><td>保护及促进社区网络</td><td></td><td></td><td></td><td></td><td></td><td></td><td></td><td></td><td></td><td></td></tr>
<tr><td>10</td><td>对社区的归属感</td><td></td><td></td><td></td><td></td><td></td><td></td><td></td><td></td><td></td><td></td></tr>
<tr><td>11</td><td>为不同阶层居民提供不同类型住房</td><td></td><td></td><td></td><td></td><td></td><td></td><td></td><td></td><td></td><td></td></tr>
<tr><td>12</td><td>促进社会融合及帮助弱势群体</td><td></td><td></td><td></td><td></td><td></td><td></td><td></td><td></td><td></td><td></td></tr>
<tr><td>13</td><td>公众参与</td><td></td><td></td><td></td><td></td><td></td><td></td><td></td><td></td><td></td><td></td></tr>
<tr><td>14</td><td>历史建筑及特征的保护</td><td></td><td></td><td></td><td></td><td></td><td></td><td></td><td></td><td></td><td></td></tr>
<tr><td>15</td><td>提供公共设施，如学校、医院、运动设施等</td><td></td><td></td><td></td><td></td><td></td><td></td><td></td><td></td><td></td><td></td></tr>
<tr><td>16</td><td>提供安全、便捷的公共交通</td><td></td><td></td><td></td><td></td><td></td><td></td><td></td><td></td><td></td><td></td></tr>
</table>

续表

序号	目标层	准则层	指标层	综合效益									
				未实施该政策的情景					实施该政策的情景				
				1	2	3	4	5	1	2	3	4	5
17	城市空间资源再配置的综合效益	环境效益	提供公共开放空间，如公园、游园等										
18			与周边环境的相容性										
19			可再利用材料的使用										
20			能源高效利用设施										

注：1=“很少”；2=“比较少”；3=“一般”；4=“比较多”；5=“很多”，调查表根据受访人的回答，由访谈人进行填写。

后　记

本书基于产权激励，对城市空间资源再配置过程进行了阐释，并以城市空间增长的数据观察与分析为例，引入了基于产权与交易成本解释工具，并针对不同的城市空间资源再配置方式创设了空间治理的政策工具，最后回到城市规划的专业领域，即对城市规划的转型的影响与导向。研究虽旨在引入新制度经济学的理论解释工具，但更专注于研究城市空间资源再配置的空间治理转型，探索将产权与交易成本引入城市空间资源再配置的规划方法转型的方向。不足之处在于，就框架的可实施性而言，还需要更为严谨与深入的研究。

①定量分析研究方面的不足。囿于知识局限性，本书对于新制度经济学及其相关理论在分析中国问题的现实性方面并未作深入的理论溯源与计量求证，而是立于已有研究基础之上，采用了定性与定量结合方法，对产权激励的可行性进行了量化评价。

本书通过长沙市的实际案例进行了分析，却受限于“城市空间资源类型丰富，涉及的人群数量庞大，而且利益差异明显”等诸多现实局限性，因此很难通过一个总体层面城市空间发展的数据完全识别产权运行过程中的利益主体，在此书中也并未对其从资源配置到再配置模式转变进行更翔实的数据分析，研究更多的是基于案例观察后的反思。因此，在后续研究中，需持续以该理论工具为基础，引入不同城市研究、不同尺度案例，不断强化案例研究的定量分析部分，以更加科学与量化的方式解译空间规划的问题，并提供更加丰富、体系更加完善的产权激励工具。

②政策工具创新方面的不足。本书虽提出了基于产权激励的理论框架与实现路径，但并未提出新的政策工具，而是基于国内外的政策工具的梳理及可实施性的现实诉求，选取了具有代表性的三类工具，并结合案例进行了定性与定量的综合评价，未能有详尽的案例对政策工具实施的绩效进行系统性评估，不失为一个遗憾。本书根据当前所出现的三种城市空间资源再配置的方式，以产权激励为切入点，研究了三种不同的再配置政策工具。但是现实中的城市空间资源再配置案例所折射出的现实问题远非此三种类型所能涵盖，作为一项引导政策工具改革的框架性设计，其后必有海量研究案例支撑，这也将是之后一项十分重要的研究工作。此外，本书的案例与数据观察更多是在事后以旁观者的视角来进行的。事实上，城市空间资源再配置的过程是一个漫长的多方博弈过程，过程所涉的人、事、物及政策等，都会对其过程产生复杂的影响，因此，对于一些具有代表意义，如老工厂的棚户区改造、城中村改造、历史城区的更新等，进行一些有针对性、长期性的跟踪研究，将是下一阶段研究的主要突破口，新时代的背景也为笔者进一步深入研究城市空间

资源再配置提供了一个难得的机会。

总之，本书对此选题仅做了尝试性、框架性分析与研究，囿于笔者的理论水平和写作时间，文中的观点只通过案例观察及相关的理论梳理提出了一个看似完善的分析框架，而距离真正服务于空间治理实践，并直接服务于城市空间资源再配置及产权交易活动还有很长一段距离。

面向新时代与两个一百年的战略目标，强化城市空间资源再配置研究力度、拓展研究广度与深度、开拓研究的新角度，新时代提出了新要求。可以预见的是，城市空间资源再配置的激励策略和政策研究这一选题将在新时代背景下得到更全面、更深入的研究。